原発ゼロへ
福島に生きる

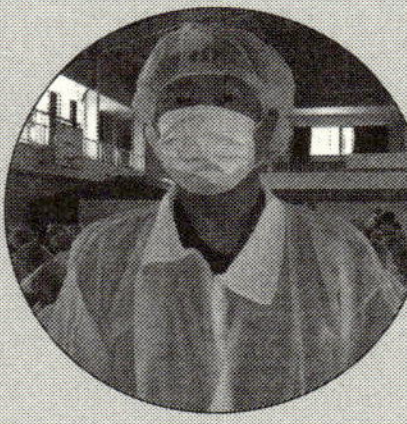

しんぶん赤旗社会部

新日本出版社

「福島に生きる」人々とは――まえがきにかえて

「生業を返せ、地域を返せ！」福島原発事故被害弁護団事務局長　馬奈木　厳太郎

忘れられない光景がある。２０１３年7月16日、「生業《なりわい》を返せ、地域を返せ！」福島原発訴訟の第1回期日。福島地方裁判所の法廷に、力強い声が響いた。

「第二の福島が起きてしまうこと、我々が味わった痛みや苦しみを他の人びとにも体験させることは、あってはなりません。それはおそらくこの国の終わりを意味します。福島原発事故はそのために活かされなければなりません。我々原告団は、原発事故で多くの人が困難に直面したが、日本人はそのことから確かな教訓を得て大きな前進を遂げたと、世界的に評価されるようでありたいと考えています。そして、この裁判が〝人類史に画期をなす大きな変化を作り出した〟と後世に語り継がれる大義あるものにしなければならないと考えます。困難から脱却して未来を造ろうと努力する人びとの背中を押し、勇気を鼓舞するような、そしてまた、人類史の画期となったと後世語り継がれるような、熱意と正義にあふれる裁判所のご判断を心からお願い申し上げまして、原告を代表しての陳述と致します」

声の主は、中島孝・原告団長。相馬《そうま》市でストアを経営し、朝から刺身を切る毎日を送っていた。地域で商売をし、原釜《はらがま》港に水揚げされる魚を生業にする小買受人組合の組合長だった男が、国と東京電力に対し〝たたかい〟を宣言した瞬間だった。

あの事故から3年8カ月が経過した。汚染水ひとつとっても明らかなように、事故はいまだ収束しておらず、見通しすらたっていない。事故の原因も解明されておらず、被害は今日も続いている。

その一方で、変わりつつある景色もある。フレコンバッグと呼ばれる除染袋が山積みにされている光景は、月日の経過とともにその面積を広げている。除染作業中と記された幟《のぼり》を道路脇に見かける機会も増えてきた。政府や県などの帰還促進方針とあいまって、避難指示解除や国道6号線が全線開通されるといったこともあった。

そうした作られた変化に直面させられながら、多くの人々の心の裡《うち》にはなお重くのしかかった想いがある。〝いったいあの事故は何だったのか〟〝これから自分たちや地域はどうなるのか〟。

本書に登場する方々は、そうした想いに自分なりの答えを出し、あるいは出すべく模索している人々である。いまも続く被害を訴える方、地域で様々な活動を通じて脱原発に取り組む方、東京電力に対して農作物や商売の損害を賠償するよう求めている方、事故前から原発の危険性を訴え建設に反対してきた方などなど。地域や属性も多様である。

そうした方々のなかには、裁判の原告となった方も少なくない。

住み慣れた故郷から避難を強いられ、今日も避難している人々は15万人を超えているが、楢葉《ならは》町《まち》から避難した人々を中心に、東京電力に対し、不動産の損害やふるさと喪失慰謝料を求め訴訟が提起されている。また、いわき市に居住していた方々が、国と東京電力に対し、慰謝料を求め訴訟提起している。こうした個別救済を求めて訴訟を起こす動きも生じている。本書には、これらの原告の方も登場している。

あわせて、全体救済を求めて訴訟を提起した取り組みもある。それが、冒頭で紹介した「生業《なりわい》を返せ、地域を返せ！」福島原発訴訟（「生業訴訟」）である。国と東京電力を被告に、福島県59市町村の全市町村に原告を有し、総勢約4000名の原告団を擁するこの訴訟は、福島の歴史上もっとも大きな裁判となっている。本書に登場する多くの方は、この生業訴訟の原告となった方々である。そこで、以下では生業訴訟の目的について簡単に紹介したい。

生業訴訟の特徴の一つは、〝原状回復〟を求めていることである。これは、ふるさとや生活・生産の場を汚染された者にとっては、根本的な要求である。ただ、注意を要するのは、事故前の3月10日の状態に戻せと言っているわけではないということである。原告団が求めているのは、単に事故前に戻ることではなく、被害の原因となった原発もなくそうというものであり、言い換えれば、〝放射能もない、原発もない地域を創ろう！〟という広い射程で〝原状回復〟という言葉は用いられている。

二つめは、被害の〝全体救済〟である。いまや総勢約4000名となっているが、この原告らは、「自分たちだけを救済してくれ」と言っているわけではない。一般的な裁判では、貸した金を返せ、家を明け渡せといった請求になり、訴えた当人の請求が認められるか否かが問題となる。ところが、この約4000名の原告は、そういった話ではなく、「あらゆる被害者の被害を救済せよ」と求めている。これは判決をテコとして、全体救済のための制度化を要求しているということである。すなわち、今回の事故について国に法的責任があることを明らかにさせ、国には被害救済の義務が存することを明確にすることによって、被害に見合った、被害に即した形での生活再建や健康被害、除染、賠償などの制度や立法を行わせようという裁判なのである。福島県内全市町や宮城、山形、栃木、茨城と大規模な原告団を追求している所以《ゆえん》でもある。

三つめが、〝脱原発〟である。「被害者をもう生みださないでほしい」、「私たちのような被害者は自分たちで最後にしてほしい」という想いは、被害者に共通している。これは、原発による事故、そうした被害者をもう生み出さないでほしいということであり、被害を根絶してほしいということである。そして、被害根絶を真面目に追求しようとすると、その原因となっている原発をどうするのかという問題に行き着かざるをえないはずである。被害救済を求める原告らが、〝脱原発〟をも求めることになるのは、決して偶然ではない。

被害の救済を求め、脱原発を求める声は、政府がそれと真っ向から反する政策をとっている以上、日に日に強く、そして切実なものになっている。本書に登場する方々は、原発事故の被害を受けた方々であるが、決して被害者で終わろうとはしなかった方々である。

末尾になるが、そのような方々に対し、心からの敬意を表する。

（まなぎ　いずたろう・弁護士）

目次

3　声を上げ続ける────121

1 いまだに心の傷深く

漁具の手入れ今も

浪江町の漁師　桜井　治さん

■海の香りもない仮設　「鳥かごのカモメ」だよ

「海にもう一度戻り、地元の魚を食べたいと思っています」。76歳の漁師、桜井《さくらい》治《おさむ》さんの決意です。福島県浪江町請戸《なみえまちうけど》に生まれ、19歳のときに漁師になりました。漁師歴は50年以上になります。

父親が漁船転覆事故で亡くなり、受け継いだのです。当時は、請戸漁港は整備されていませんでした。請戸川に漁船を接岸させて係留。そこから海に出ます。河口は、川の流れの勢いと海から押し寄せる大波とがぶつかり合い逆巻く。それに巻き込まれて沈没し、桜井さんの父は亡くなりました。

20代半ばごろは、サンマ漁やサケ・マスの北洋漁業で船員として北海道まで出稼ぎにもいきました。

■40代で自分の船

「初めて自分の船が持てたのは40代だったんだ。福吉丸と名づけた」と懐かしむ桜井さん。3艘《そう》目の第3福吉丸が大津波で陸に流されて壊されました。

漁は、ヒラメ、アイナメ、コウナゴ、シラスなどをやってきました。「3・11」までの10年間はホッキ貝中心でした。

一緒に漁業をやってきた兄は、避難で千葉県や東京都などを転々とするなか、今年4月、亡くなりました。

福島県二本松《にほんまつ》市の仮設住宅で避難生活をおくって1年半が過ぎました。

「一日も早い漁の再開を夢見てる」と桜井さん。毎月1回の一時帰宅。「必ず海を見るよ。海を見ると心も気持ちも晴れるから」。毎回、父親が遭難した近くの海に行って花を手向けてきます。

「仮設での生活は鳥かごに入れられたカモメのようだ。海の香りもしない、魚の群れも追えない、かごの鳥。カモメが陸《おか》に上がったら使い物にならないよ。いまでも魚群探知機を使わなくても魚の群れを探し出せるよ」

東京電力福島第1原発建設のときは、原発建設反対のハチマキをして福島県庁などに押しかけたといいます。

「原発マネー」で漁港は整備されました。漁船は大型化、2トンだった福吉丸も4トンになりました。

「原発は安全・安心だから大丈夫という呪文が知らず知らずに浸透させられ、まさか原発が爆発にまで至るとは夢にも思わなかった」

■完全賠償めざす

若い漁師仲間からは「もう一度やってくれ」という話があります。漁協の副組合長や理事を歴任してきたので損害賠償交渉の先頭に立ってほしいという要請があるのです。

無事故で表彰された福吉丸の旗を持つ桜井治さん（左）と漁師仲間の渡部春治さん＝二本松市の仮設住宅で

福島第1原発から約6キロの請戸漁港の沿岸は、放射性物質に汚染された水が海に流されて、試験操業もまだで、漁の再開は見通しがたっていません。

浪江町に帰れるのは5年先とも言われています。

「5年は仮設で暮らす心境だよ。先の心配はしない、というとウソになるけど、長期化を覚悟しなければならないと思う。たたかいはこれから。完全賠償と豊かな海を取り戻すまでたたかうよ」という桜井さん。漁具の手入れは欠かしていません。

（2012年10月8日付）

将来、被災地の今伝えたい

高校生　吉野　明日香さん

吉野明日香《よしのあすか》さん（高校3年生）は福島県富岡町《とみおかまち》で生まれ育ちました。同町は、「夜の森《よのもり》公園」の桜が有名です。樹齢100年以上、ソメイヨシノの巨木1500本の並木がL字型に続き、ピンク色に染めて春をめでます。

■母の遺骨持ち

「夜はライトアップされ、とてもきれいなんです。花見に家族で出かけるのが春の楽しみでした。母の遺骨を持って帰りたいです」

家族の楽しみを奪ったのが東京電力福島第1原発事故でした。故郷が警戒区域になり、避難生活を強いられました。

原発事故で奪われたのは家族一緒の花見の楽しみだけではありません。乳がんの治療中だった明日香さんの母の命を縮め、今年7月に亡くなりました。

「なんでこんなことになったのかなぁーと思うと、原発事故を起こした東京電力は、やっぱり許せない。原発は、なくしたほうがいい。再稼働はすべきではないと思います」と明日香さん。

忙しくて、悲しい1年半余でした。昨年の3月11日は、早く家に帰ってきていました。震災で水道も電気も止まり、余震は何時間も続きました。真っ暗な中、家族全員でこたつに入り、ラジオを聴いていました。原発についての情報は一つも流れていませんでした。

避難指示があって、川内村《かわうちむら》の小学校に避難。そこで新聞が配られて、原発が大変なことになっていることを初めて知りました。子どもにはヨウ素剤が配られて、明日香さんもそれを飲みました。朝、昼、晩と、おにぎり1個か2個の生活が続きました。

杉内清吉教諭（左）と進路などについて懇談する吉野明日香さん（右）

「川内村も危ない」となって、2、3日分の着替えと貴重品を持って郡山《こおりやま》市に避難しました。

「お母さんもおばあちゃんも不安そうな顔をしていました。『いつ帰れるの？』と聞くと、『分からない』と言われて、とても不安でした……」

■度重なる避難

郡山市の避難所は、環境が劣悪だったので千葉県の親戚の家に世話になることにしました。ここでも長くは負担をかけるわけにはいかず、明日香さんの兄が山梨県の大学で学んでいるので、山梨県にアパートを借りて暮らすことにしました。

こうした度重なる避難先の変更は、ストレスを増大させて体調を悪くしました。とくに、がん治療中のお母さんにとっては苦難が続きました。

小学校からの無二の親友とも離れ離れになりました。親友は沖縄県に避難しました。明日香さんが通っていた双葉町《ふたばまち》にある双葉高校は、再開の見通しもなく、クラス仲間ともバラバラになってしまいました。現在は、祖母と福島市内で生活しています。高校は二本松市内の高校に通っています。

明日香さんは高校を卒業したら声優やアナウンサー、パーソナリティーなどについて学ぶ専門学校へ進みたいと思っています。

「ラジオ番組のパーソナリティーになって福島の今を伝えたい」（2012年10月9日付）

献身的な党、共に歩もう

浪江町から福島市に避難　須藤　カノさん

福島県浪江町から福島市内の佐原《さばら》仮設住宅で避難生活を送っている須藤《すどう》カノさん（62歳）は、このほど日本共産党に入党しました。被災者の支援活動に取り組む、福島市の酪農家で党員の佐々木健三《けんぞう》さん・智子《ともこ》さん夫妻の呼びかけで、共に歩もうと決意しました。

見知らぬ土地で誰にも相談することができないでいたときに、親身になって声をかけ、米や野菜など支援物資をみんなに届けてくれたのは、智子さんと健三さんでした。

「人のために献身する姿に仮設の多くの人たちは頭が下がる思いです。前に進もうと思いました」

浪江町で暮らしていたときも、地元の共産党の馬場《ばば》績《いさお》町議が町民のために活動していたことを知っていました。「この人たちなら信頼できる。一緒に頑張ってみよう」と思ったからです。

■家族バラバラに

須藤さんが家族と住んでいた浪江町津島《つしま》は、放射線量が高く、働いていた会社ごと避難しました。

須藤カノさん（左から２人目）とその家族

「長男家族と私の7人、なんのいさかいもなく仲良く暮らしてきたのにね」

夫はくも膜下出血で23年前に入院。大震災のときは双葉町にある老人施設にいました。栃木県那須塩原《なすしおばら》の施設に避難したものの今年1月6日に亡くなりました。災害関連死として申請をしています。

孫は小学校4年と3年、保育園に6歳と4歳の子どもが通っています。

原発事故後、二本松市の体育館、そして福島市の土湯《つちゆ》温泉と転々としました。福島市内の仮設住宅に移った後、長男の嫁が

４人の孫たちを残して突然家出をしました。今も戻っていません。

「避難所での集団生活が精神的な負担を大きくしたのではないかな。嫁をわが娘として仲良くやってきただけに悔しいです。原発事故さえなければ、バラバラにならなかったと思うと残念です」

部屋が狭い仮設住宅。４人の孫たちがはしゃぎ回ると収拾がつかなくなります。

■消費税増税は痛手

「民主党、自民党、公明党と、どの党もテレビでは、良いことをいうのに、私たちの住んでいる仮設まで来てくれたことはありません。一度でいいから仮設で暮らしてみてほしい。何が不自由なのか体験してみてほしい」

須藤さんも、長男も、勤めていた会社が操業できずにいることから失業したままです。

被災者にとって消費税増税は痛手。「孫たちのためにも増税は取りやめてほしい」と須藤さん。

原発事故で辛苦の生活を強いられてきた須藤さんは言います。

「私たち福島で生きていくものにとって原発はいりません。日本のどこかで原発事故がふたたび起きたならば、日本に住めなくなるのではないかと心配です。耐え難い苦労は私たちで終わりにしてほしいです」

日本共産党に入った須藤さんは、仲間たちから教わって、原発ゼロを実現させ、人に役立てることのできる生き方をしたいと決意しています。

（２０１２年10月10日付）

原発事故の惨劇伝えたい

元介護施設の理学療法士　佐藤　努さん

「多くの入所者は原発事故で亡くなった。原発事故を憎みます」。東日本大震災と東京電力福島第1原発事故で、入所者など38人が死亡・行方不明となった福島県南相馬《みなみそうま》市原町《はらまち》区の「介護老人施設ヨッシーランド」。10人は津波の犠牲者でしたが、残る人たちは原発事故での避難過程や避難先で十分な救命・医療措置を受けられずに亡くなりました。

■人災は許せない

ここで理学療法士をしていた佐藤努《さとうつとむ》さん（32歳）は、1年7カ月前の悲劇を振り返り、「大津波は災害ですが、救出を阻んだ原発事故は人災。許すわけにはいきません」と話します。

同介護老人施設には当時、入所者やデイサービス利用者合わせて約140人いました。地震が起き、利用者を介護用ベッドに乗せたまま駐車場に避難させました。

1時間後、海側に目を移すと防風林に水しぶきが上がり津波が施設めがけて押し寄せてくるのが見えました。

佐藤さんは津波にのみ込まれそうになりながら職員と、駐車場に避難させた利用者を近くの20～30メートルある高台に避難させることに必死で取り組みました。しかし、自力で動けない利用

わたり病院で理学療法士をする佐藤努さん

者は一瞬にして津波にのみ込まれていきました。

駐車場に取り残された車いすの利用者と目が合いました。流されていく瞬間の心細さでいっぱいの顔がいまも焼きついています。「一生忘れられないだろう」。

助かった利用者を協力病院や近隣の施設へ移したものの受け入れた施設は、「ヨッシーランド」から避難した利用者に手を割《さ》く余裕はなく、ロビーに置かれたままでした。相次ぐ原発事故で物流は完全に止まり、オムツも薬も品薄。必要な治療が施されなかったのです。

「原発事故さえなかったら助かった人はもっと多かった。県外に避難中にも亡くなった人がいます」

■戦争状態だった

佐藤さんは「ヨッシーランド」から昨年3月31日に解雇されました。同施設はいま、解体工事が始まっています。

「戦争を知らない世代ですが、『ヨッシーランド』で起きていたことは、戦争のような事態だったと思う」と語る佐藤さん。「助けられなかったことへの後悔は一生残ると思います。私が見た人災の事実を伝えていくのが使命だと思います」。

佐藤さんは、ハローワークなどに通い、今年4月に福島医療生協わたり病院のリハビリテーション科に就職することができました。

親は「県外に避難してもいいのでは」といいます。「被災した人と同じ気持ち、同じ目線で仕事をしたい」と福島にいる佐藤さん。

「これだけの犠牲をだしたのだから福島の原発は廃炉に。全国すべて原発ゼロにするのは当然です。助けられなかった人のためにもこれから福島で何が起きていくのか見つめ続け、広く伝える責任があると思います」

（2012年10月11日付）

米づくり「あきらめない」

南相馬市の旧警戒地域　根本　洸一さん

「オレは福島の米が日本一と自負しているよ」。旧警戒区域で今年4月まで立ち入りができなかった福島県南相馬市小高区《おだか》。ここで有機農法による米作りをしてきた根本洸一《ねもとこういち》さん（75歳）は、来年こそ米の作付けが可能なまでに放射線量が軽減されるのを願っています。

■農業に半世紀余

「米作りは何年やってきても毎年が1年生。常に新しい課題がでてくる」という根本さんは、400年以上続く農家に育ちました。当時は高校進学が少なかったなかで9人の兄弟全員が高校

セイタカアワダチソウが生い茂った田んぼに立つ根本洸一さん＝南相馬市

へ進学。「親の期待が大きかった」と根本さん。農業高校を卒業後、18歳から農業に携わってきました。

半世紀以上、農業をしてきた根本さん。稲作の特性を知っています。1993年に東北地方を襲った未曽有の大冷害。東北地方の作況指数56、福島県で61のときでも収量を大きく落とさず収穫できました。

化学肥料を使わず、米ぬか、ワラ、マメ科の植物などを肥料化する緑肥《りょくひ》などを活用して土作りをしています。環境と健康によい米作りを志してきました。

東京電力と原発を推進した国に「これほど苦しめられたことはない」と怒ります。「人生、家族、地域がメチャクチャにされた」。

根本さんの田んぼの放射線量は、今年4月の測定で土壌1キロ当たり3800ベクレル。空間線量は0・6マイクロシーベルト。水田の一部を試験田として作付けをしました。思わぬことから、失敗に終わりました。

放射線量が高く頻繁に田んぼに通って管理をすることができなかったことから、田んぼをイノシシがあらし、収量不足で計測不能になったのです。

「この地域に人為的に人間の出入りが無くなった。人と動物が共生した地域の生態系のバランスが崩れ、わが物顔でイノシシが進出してきたのです。想定外でした」

根本さんは、畑を市民に開放して有機野菜を作り、食べてもらう計画をもっていました。「当面は実現できなくなりました」と、残念がります。

■作付けをめざす

基盤整備が順調に進み希望が見えてきたところで、放射能禍で田んぼが汚されました。田んぼは背丈を超えるセイタカアワダチソウが生い茂っています。

「機械を利用すれば80歳を過ぎても農業を続けられます。あきらめない」。土の天地返し、深耕《しんこう》など放射線量を少なくする作業をして「来年も試験田をやる。可能ならば作付けできればうれしい」。

米どころ福島を台無しにした東電と国。「国はまだ原発の再稼働に固執している。原発輸出まであきらめていない。どっちを向いて政治をしているのか。向いている方向がまちがっている。『即時原発ゼロ』が向くべき方向だ」。

（２０１２年10月12日付）

もらった命、次世代のため

南相馬市　愛原　学さん

「３・11後の福島は最悪の歴史体験をしている。次世代にこの苦しみを残したくない。今、声上げっぺ」」。福島県南相馬市の愛原学《あいはらまなぶ》さん（68歳）は、東日本大震災と東京電力福島第1原発事故に遭遇し、妻と長女を津波で亡くしました。あれから1年8カ月。次女と2人暮らしの愛原さんは、「もらった命。立ち上がらないとだめだ」と、日本共産党に入党しました。次女も「親の背中を見ていれば間違いはない」と一緒に入党しました。

■父娘がともに入党

愛原さんは昨年3月11日、生活と健康を守る会の人たちといっしょに相馬税務署に集団申告中に大震災にあいました。萱浜《かいばま》海岸から1・5キロほどにあった自宅は、風呂場と基礎部分だけを残し津波にのみ込まれました。3月25日になって妻（当時68歳）と長女（当時43歳）が、見つかりました。

変わり果てた2人と対面して号泣した愛原さん。「原発事故さえなければもっと早く発見できたのに」と、悔やんでいます。原発事故後に自宅周辺は立ち入り禁止。捜索ができなかったのです。「自然災害とは違った原発事故の恐ろしさを見せつけられた」と言います。

■見方変わった

愛原さんは、昨年7月に脳梗塞《のうこうそく》で倒れ、2カ月間入院。退院後も仮設住宅暮らしでうつ病を発症しました。

次々に襲う苦難に手を差し伸べてくれたのが、日本共産党の荒木千恵子・南相馬市議たちです。

震災で大混乱の南相馬市。病院の確保、退院後の生活の再建と、骨身を惜しまずに力になってくれました。

「共産党について昔は誤解していたこともある」という愛原さん。「苦しい時代に私たちの立場から声を上げてくれる政党なのだ」と、見方を一変させました。

愛原さんの家は、代々農業を営んできました。

小学生のころは養蚕と稲作でした。

蚕は、桑の新芽と古い硬い葉との配合が命。「じいちゃんしか出来なかった」そうです。もう一つの大切なことは温度管理です。25度から26度に室温を保つことです。隙間風が入る納屋。練炭をたいて暖めました。「管理に失敗すると一晩で蚕は全滅する。カビにやられるんです」。

妻と長女と1町2反の田んぼを耕してきた愛原さんは、離農を決意しています。「海水をかぶり、その上に放射能汚染。設備にお金をかけても採算があわない。これからは、年にあったように生きる」。

愛原学さん（中央）と日本共産党の荒木千恵子南相馬市議（右）、左は荒木市議の夫

■政治を変える

スポーツ吹矢とペタンクの講師をしています。

スポーツ吹矢は、８メートル離れたところから中心点７センチの的にめがけて吹く競技。集中力と呼吸法が勝敗を分けます。今年５月、ペースメーカーを入れている愛原さんは、東京体育館で行われた全国障害者スポーツ吹矢大会に参加しました。立位８メートル部門で１０２点を獲得して11位の成績をあげました。

ペタンクは「足をそろえる」というフランス語が語源。目標とする木製の小球（ビュット）に金属製の球を投げつけて、相手のボールよりも目標により近づけることを競う球技。「人生の一秒でも喜んでもらえれば良い」と、老人会などでコーチを務めています。

「（原発は）クリーンエネルギーで安全、と東電からウソをつかれてきました。言語道断です。こんな目にあった福島に住む私たちが声を上げないとだめだ。政治を変える仕事に役立ちたい」。愛原さんの決意です。

（２０１２年11月11日付）

古里に戻れる日まで　四季の野菜、避難者に

酪農家　佐々木　智子さん

「季節の新鮮な野菜などありがたい。悩みにも耳を傾けてくれて仏のよう」

福島市内で20頭近い乳牛などを飼う酪農家の佐々木智子《ささきともこ》さん（72歳）は、東日本大震災と東京電力福島第１原発事故の被災者が住む仮設住宅に、自家製の野菜やモモなどの果物などを配り、喜ばれています。

佐々木さんが住む福島市西部地区には「佐原」「佐倉《さくら》」「しのぶ台」の三つの仮設住宅があります。浪江町、双葉町から避難して来た人たちです。

「これまで夫（健三さん＝農民連元会長）の活動や仕事を支えることが社会に役立つことと思ってきました。3・11と原発事故を境にして、私も自立して生きていかなければならないと考えました」と、佐々木さんは言います。

「弱い立場の人たちに寄り添って生きたい」と、未曽有の被害に直面して、能動的に救済と復興にかかわり、自分が可能な被災者の救援活動に乗り出すことにした動機でした。

「私が育てた野菜や果物は、自分の判断で自由に使えます。自分がちょっと頑張ればできる。それを手押しの一輪車などに積んで、共産党の支部の人と仮設に届けています」と言います。

「心を届けることが大切」と、四季折々に収穫できる葉もの、キャベツ、インゲン、夏野菜、大根、カボチャ、枝豆などを届けています。

■支援活動の原点

佐々木さんが日本共産党に入党したのは23歳のとき。「国民の苦難に寄り添って活動する立党の精神を私なりに理解して実践しています」。佐々木さんの支援活動の原点です。

兼業農家の6人きょうだいの3番目、次女として生まれました。高校卒業後、農協で働きました。

野菜を育てる佐々木智子さん

「青年団の活動などで健三さんと出会い結婚しました。当初は、稲作と養蚕でした。健三さんは牛が好きだったことから子牛を1頭飼ったのが酪農を始めるきっかけでした。四十数頭ほど飼っていたときもあります」

23年前から「ミルクプラント」を造り、900ミリリットルの瓶詰めの牛乳を宅配する事業を始めました。63度、30分で低温殺菌する牛乳。たんぱく質を変性させることなく、より原乳に近いものを販売しています。市販されている牛乳は、120度、2秒の殺菌。「たんぱく質の変性が多い」ために味が違います。

福島市内の最大1000戸の消費者に宅配できるまで成長したときもありました。そんなころ原発事故に見舞われました。

「40日間の出荷停止になりました。解除された後も3割は回復していません」。40日間乳搾りができなかった乳牛たちにも負担をかけて、回復するまでさらに時間を要しました。

放射能検査結果を公表して、安全・安心の牛乳を供給する佐々木さん。「二十数年間、私たちの牛乳を飲んでくれていた消費者は継続して取ってくれています。わざわざ直接訪ねてきてくれて買ってくれる人もいます」と、自信を回復させています。

■農業再生と賠償

長引く仮設での避難生活を見つめてきた佐々木さん。「家族バラバラになったり、精神的な苦痛にさらされている被災者をみてきました。古里の浪江町や双葉町に戻れるまで〝地域の住民を受け入れて共に暮らす〟ことを願って支援を続けていきたい」。被災者支援は、自分の使命と思っています。「国と東京電力は、原発事故が起きたときの重大さを知っていました。（危険を）指摘する声に耳を傾けることもなかった。福島の農業の完全再生と賠償に責任をとってほしい」と、生業訴訟の原告になりました。

（２０１２年11月20日付）

戦争・原発、苦難乗り越え

双葉町から福島市に避難　高田　国男さん

東京電力福島第1原発事故で福島県双葉町から福島市内のさくら応急仮設住宅に避難している高田国男《たかだくにお》さん（85歳）。「あの時よりもひどい」と、避難生活の過酷さを語ります。「あの時」とは、戦争体験です。終戦のとき高田さんは19歳。「あと1年戦争が続いていたならば兵隊として前線に立っていた」と言います。

「戦争体験よりもつらい」と避難生活を語る高田国男さん＝福島市の応急仮設住宅で

■タコツボづくり

航空兵だった叔父の戦死、双葉町では海岸の防衛隊が組織され「タコツボづくりをさせられた」。

造船所で〝達磨《だるま》船〟を造っていた高田さん。1945年8月7日に爆撃をうけました。仙台方面は真っ赤に燃え上がっていました。「二度と戦争はやってほしくない」と言います。

「安倍さん（首相）は、憲法改正を言っているけど傷つくのは国民。我々があって国がある。国防軍をつくることは大きな問題だ」

戦争について苦労の思いを持つ高田さんですが、1年10カ月を過ぎた避難生活の苦難を語ります。

福島第1原発から5キロ、海岸まで約5キロの自宅で大震災に遭遇。海岸の松が根こそぎ倒されて流れてきました。

「役場からバスが出る」と聞き、バスに乗り込み浪江町の津島に避難。川俣町《かわまたまち》、仙台、東京と避難先を転々として2012年4月に福島市内のさくら応急仮設住宅に落ち着きました。15年間独り暮らし。「無我夢中で、当初は原発事故がおきて避難していることさえ分からなかった」。

■「これは犯罪だ」

「狭い空間に押し込められて留置所に入れられたようだ」と仮設での暮らしを語る高田さん。「一刻も早く帰りたい」。

高田さんは、双葉町に30アールの田んぼと山林があり、「年金とで自給生活」でした。「仮設では野菜作りもなんにもできない。双葉に帰って大往生できれば良い」。

原発事故は人災と考える高田さんは「『安全だ』『安全だ』と言われて町の先人たちは原発を誘致した。これが間違っていた。町全体が避難している。こんな事態を起こし、これが犯罪でなくて、何を犯罪というのか。『人は死んでいない』というがこの仮設だけでも3人は亡くなっている。ここでのくらしは命を縮めた。犯罪だ」。

3年は我慢して、必ず双葉町に帰ることを夢見る高田さん。「賠償は完全にやってほしい。双葉町に住めるまでやってほしい。そして立ち直れるまでやってほしい」。（2013年1月21日付）

霊山に放射能いらない

郷土史家　菅野　家弘さん

福島県伊達《だて》市と相馬市との境にそびえる標高825メートルの山、「霊山《りょうぜん》」。郷土史家で霊山の案内人を務める福島市内に住む菅野家弘《かんのいえひろ》さん（70歳）は「ふるさとの山。人を寄せつけない岩肌と、人を育ててきた深い歴史。この山には人間のにおいが詰まっている」といいます。

霊山町（現伊達市）は菅野さんの実家がある町です。霊山は、紅葉の名所で国の史跡名勝、日本百景に指定されていますが、年間数万人が訪れた観光客は、東京電力福島第1原発事故後、激減しています。

■翻弄の記録残す

雑誌『霊山』の編集にも参加している菅野さん。『霊山』第20号で原発に翻弄《ほんろう》された霊山町の人たちの今を記録します。「記録に残さないと地域の歴史を消していくことになる」と、「3・11」後に体験した生活の記録を集めて特集する予定だといいます。

菅野さんは「過疎の町が原発事故でいっそう過疎になっている」ことに危機感を感じています。風評被害で売れない米や基準を超える放射性物質が検出されたシイタケ、2年連続で出荷自粛となったあんぽ柿。記録作りは「原発を絶対に許さない。反原発をどうしたら発展させられるか」と企画しました。

大震災、原発から避難した人々の苦しみに間近に接してきた菅野さん。いまは娘が「福島で子どもを産みたい」と菅野さんの家に帰っています。家族の食事を作ることもある菅野さんは、「福島産の食材を使うことは不安」といいます。低放射線量の長期間の被ばくが子どもにどんな影響を与えるのか未解明だからです。

「つねに現在は未来への途中過程であるとはいえ、いまわかることをまとめておくのは、その世代の責任」「孫のためにも、放射能から解放されて清々とした気持ちで食事をとれるようにしたい」と、「原発ゼロ」をめざします。いまできることは何か、と。

■三つの事件から

近現代史の福島の出来事で「教科書に出てくることが三つある」と菅野さん。一つは、1882年、自由民権運動に対する最初の大弾圧事件となった福島事件。

二つは、1949年、東北本線松川駅近くで列車が転覆。権力の謀略により、労組活動家20人が起訴された松川事件。国民的裁判闘争に発展させて、冤罪《えんざい》をはらしました。

三つは、いま直面している福島第1原発事故の人災です。

「三つを比較することはできないが、県民は、いまその大きな歴史の事実のなかにいる。福島からこそ『原発ゼロ』を発信できるし、しなくてはならない。その誇りある場所に私たちは立っているのです」

（2013年1月26日付）

菅野家弘さん

「無農薬」軌道に乗った矢先

米作り一筋　井戸川　貫さん

福島県浪江町から福島市の佐原応急仮設住宅で避難生活をおくる井戸川貫《いどがわとおる》さん（88歳）は、2町歩（1町歩＝約0・99ヘクタール）の田んぼを耕す農家でした。「1町歩5反（1反＝約992平方メートル）は無農薬のアイガモ農法を始めて、評判となり軌道に乗ってきたところだった」と、2011年3月の東京電力福島第1原発事故当時を振り返ります。

自宅にいたときに大震災に遭遇しました。3月11日の夜、避難するようにとの連絡があり、翌朝、浪江町の津島に避難しました。「3日間津島にいた。ところが後で知ったのですが津島は一番放射線量が高い場所だった」と言います。

■毛布2枚の支給

その後「福島市内のあづま運動公園総合体育館に移動した。支給されたのは毛布2枚。寒かった。食事はおにぎり一つか二つ。息子たちが心配して東京にいる娘の家に行くことにした」といいます。

同年9月末、福島市内の旧佐原小学校に応急仮設住宅が完成。そこに引っ越しました。吾妻《あづま》連峰に近く海抜213メートル。沿岸部の浪江町より寒く感じます。

井戸川さんは「仮設で死にたくない」といいます。「ここに来てからも何人も亡くなった。知り合いになったいいばあちゃんももういない」。

仮設住宅での暮らしは、ストレスが多く、風邪を引きやすくなり、血圧が高くなり、治療中の病気を再発させました。一時帰宅すると代々耕してきた田んぼは「セイタカアワダチソウが生い茂り無残だった。田に柳の木が生えだしたならば最悪だ」と嘆きます。

■冷害よりひどい

「1993年に東北地方を襲った大冷害のときでも1反で2、3俵はとれた。今は植え付けもできないのだから収穫はゼロ。ひどい」と、怒ります。

井戸川さんと同世代になる80代の浪江町の高齢者は2245人(昨年12月末現在)。みんな戦争体験者です。「軍隊に1年間いた。初年兵への古参兵からのびんたは日常茶飯事。12人で1分隊。誰かがミスをすると連帯責任で全員がびんたの制裁を受ける。つらかった」。

所属部隊は終戦間際に福島県内に展開した伝3375部隊。「会津若松にいた。東京にも警備で行った。軍事工場がグラマン機に爆撃されて、勤労奉仕で働いていた女学生が死んだ。哀れだった」と語ります。

仮設住宅の暮らしを語る井戸川貫さん

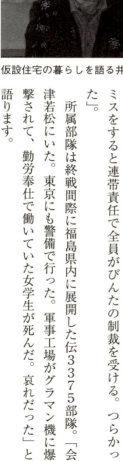

「戦争体験よりも原発事故で放射能に追われている今の方がひどい」と、避難生活の過酷さを語ります。「原発事故さえなかったならばもっともっと長生きできた人もいます。寿命を縮めた」。福島県の大熊町《おおくままち》や双葉町などの沿岸部に原発をつくるという話があったとき、「反対運動をした人がいた。あの人たちが言っていたことが正しかった」と振り返ります。

「原発はすべて廃炉にすべきです。これほど危険なものはない。身をもって体験した。再稼働など絶対反対。自然エネルギーに転換してほしい。賠償も進んでいない。米がつくれないのなら田や山林は全部買い取ってほしい」と全面賠償を求めています。

(２０１３年1月28日付)

〝天蚕の夢〟仮設で追い求め

浪江町から避難　鈴木　静子さん

福島県浪江町に住んでいた鈴木静子《すずきしずこ》さん(76歳)は、大震災と東京電力福島第1原発事故後放射能に追われて着の身着のまま福島県内を転々として、現在は二本松市の仮設住宅に避難しています。事故から1年11カ月。浪江町に帰れるめどはたっていません。

「こんな狭いところに閉じ込められて最悪の1年11カ月でした」と、劣悪な仮設住宅の生活をのろいます。

■〝絶対安全〟なし

「人のやることで〝絶対安全〟などありえない。すごく腹が立つ」。「当初から原発建設に反対でした」。苦笑する鈴木さん。子どものときに訪れた広島で見た原爆の怖さが忘れられません。「そんな怖いものは浪江にいらない」と思ってきました。

浪江町にあった福島県看護協会立訪問看護ステーションの所長を務める傍ら、昆虫の天蚕《てんさん》の飼育をしてきた鈴木さん。いま、避難先でも「自分らしいことがちょっぴりでもやれればいい。前向きに考えないといけない」と、天蚕を育てる夢を持ち続けています。神秘的な天蚕に見せられて20年。仮設の敷地に手作り樹園を造り、飼育しています。

天蚕(てんさん)を手にする鈴木静子さん

天蚕は、日本原産の大型野生蚕の一種。クヌギ、コナラ、エゾノキヌヤナギなどの葉を食べて成長します。卵→幼虫→さなぎ→成虫と形態を変えて生息します。孵化《ふか》後、50～60日くらいで繭《まゆ》を作ります。繭1粒から600～700メートルの糸が得られます。もえぎ色の美しい絹糸は「繊維のダイヤモンド」と称賛され、希少価値があり最高級品です。

天蚕繭からとれるフィブロインは、18種類のアミノ酸からできています。紫外線防止効果や保温効果が高く化粧品の原料にもなります。天蚕繭からフィブロインを製造する技術は、福島県蚕業試験場が開発し、特許権を取得しています。「山の神様からの贈り物」といわれる繭は、1個130円～150円で出荷組合に出していました。

浪江町で鈴木さんは、クヌギ、コナラなど5メートル×12メートルの樹園を造り、樹高を人の背丈ぐらいに剪定して、1区画に70本、合計で600本を植林して天蚕を育ててきました。鳥やカエル、アリなどの格好の餌になり天敵が多く、防除ネットを張って育てました。

■虫と向きあうと

浪江町では、1万個から2万個の卵が立派に育つようになっていました。「虫と向きあっているとストレスが消える」と鈴木さん。「人間らしい生活を送るためにも自然に親しめる環境をつくってほしい。原発は廃炉にして、原発に頼らない別のエネルギーを考えるべきです」と、きっぱり話します。

（2013年2月18日付）

仲間と出会い道開けた

福島金曜行動に参加　大橋　沙織さん

福島市内に住む大橋《おおはし》沙織《さおり》さん（21歳）は、原発ゼロを訴える福島金曜行動（市内街なか広場）に参加するなかで日本共産党に入党しました。「福島県に住んでいる1人として即時原発ゼロを国民的多数派にしたい」という思いからです。

■青年大集会から

　大橋さんが「金曜行動」に参加するきっかけは、昨年11月4日、「福島の今を知り、日本のこれからを考えよう」と福島市内で開かれた「もやもやふっとばしまスカッ　福島青年大集会」に参加したことです。

　若者たちは、安い給料と長時間労働、体も心もぼろぼろにされたうえにトドメをさすように起きたのが大震災と東京電力福島第1原発事故でした。大橋さんが、短大を卒業して働いた職場は、自動車の部品を造る会社。サービス残業が多く、十分な研修もなしに〝即戦力〟が求められました。

即時原発ゼロの思いを伝えたいと語る大橋沙織さん

　求人票には3カ月の研修期間が明示されていたのに、半月で研修期間は打ち切られて独り立ちさせられました。プレッシャーを感じて眠れない日々が続き、体調を崩した大橋さんは退職を余儀なくされました。

　ハローワーク通いをしているときに日本民主青年同盟（民青）の人たちに出会い「青年を苦しめる政治から、青年の願いをかなえる流れに変えよう」と、大集会に誘われました。

　当時、大橋さんは、就職のことと「福島にとどまっていいのか、（県外に）避難すべきか」揺れ動く日々のなかにいました。「高い放射線量は将来どんな影響を与えるのだろうか」という不安です。「子どもを産むときに影響が出たならばどうしよう。10年後、20年後も本当に大丈夫なのか」とも悩みました。

■抵抗あったけれど

原発を止めても電気は足りている。即時原発ゼロ、消費税増税反対、大企業がため込んだ内部留保の一部を賃上げに回し人間らしく働ける職場を――。民青と日本共産党が訴えている主張は、大橋さんにとって共感することばかりでした。

「ともに考え行動する」仲間との出会いは、一人で悩んでいた大橋さんに道を開かせました。大橋さんが話すことを真剣に聞いてくれる仲間たち。「人間として魅力ある人たち」と思えました。

大橋さんは、人前でのパフォーマンスやパレード参加は、当初は「恥ずかしいし抵抗もありました」といいます。「いやだなあ」という思いを突き破ったのは「即時原発ゼロの思いを伝えないと状況は何も変わらない」と感じたからでした。「（金曜行動を）長く続けたい」と、今は思っています。

仮設住宅で避難生活をしている人たちへのボランティア活動など、これまでにない体験を重ねました。

「原発事故の状況と県民の生活について正しい情報を伝えていく責任を感じる」と話す大橋さん。2月下旬から日本共産党福島県議団で働きます。

「日本共産党のことをもっと深く勉強したい」と思っています。「福島県政のことについても勉強しないと仕事に対応できないと思います。仕事をしながら学んでいきます」と抱負を語っていました。

（2013年2月21日付）

見つからない仕事　完全廃炉まで不安

元原発労働者　福田　和政さん

「完全廃炉までは不安は残る」と、福島市内の仮設住宅で語るのは、福島県浪江町に住み、東京電力福島第1原発で二十数年間働いてきた50代の福田和政《ふくだかずまさ》さん（仮名）です。

2年前の「3・11」当日、原子炉格納容器の底部にある圧力抑制室のサプレッションチェンバーで仕事をしていました。

作業で出たゴミを建屋外に出すために階段を上ろうとしていたときでした。「立っていられないほどの揺れで床に座りこみました」。

一緒に作業をしていた仲間の安全を確認してサプレッションチェンバーを退去し、放射能防御服を脱ぎ建屋の外に出ました。「定期検査の時で1000人近くの作業員が働いていた」と言います。

■おにぎりが1個

原発から5～6キロの距離にある自宅に歩いて向かっていると、高台にある公園で家族と合流することができました。海岸近くの自宅は大津波で跡形もなく流されてしまいました。

町役場近くにある「サンシャイン浪江」に避難。その後、津島小学校に避難しました。「着の身着のままでの避難。小さいおにぎり1個しか支給されなかった」と、2年前を振り返りました。町全域が警戒地域になり、全町民が避難しました。

「これからどうなっていくのだろうという不安は2年たっても変わらない」という福田さん。町は4月から年間積算線量が50ミリシーベルトを超える「帰宅困難区域」（津島など13地区）、20ミリシーベルトを超え50ミリシーベルト以下の「居住制限区域」（川添《かわぞえ》など10区域）、20ミリシーベルト以下の「避難指示解除準備区域」（権現堂《ごんげんどう》など10区域）の三つに再編されました。人口の8割は「帰宅困難」「居住制限」の両区域に住んでいました。

福田さんが住んでいた地域は、「避難指示解除準備区域」になりました。「除染や水道などライフラインの復旧、病院や学校、市場など街の機能に欠かせない公共施設が整うのだろうか」と不安です。

東京電力は再編された区域に応じて賠償額に差を付けようとしています。町民は一律の賠償の継続を求めています。東電は、線引きして分断することに固執しています。

福田さんは言います。「見つからない仕事。帰還の目標とされている数年後には60歳を過ぎています。いっそう仕事は見つからない。なによりも賠償金が打ち切られると、生活の再建など見通しがたちませんよ」。

■行政は腹をすえて

浪江町は、復興計画として地元に戻るまでの間、生活拠点とする「町外コミュニティー」、いわゆる「仮の町」構想を示しました。

「『町外コミュニティー』の土地が確保されたわけでもありません。若い人たちが戻ってくる町づくりでないと希望はふくらまない。復興への歩みについて細かい点まで住民に知らせてほしい。気休めではなく、浪江に絶対に戻るということを行政は腹をすえてやってほしい」

（2013年3月9日付）

「親子船」夢見ていたのに

福島・南相馬市漁師　蒔田　豊美さん

「『親子船』で漁に出るのが夢だった」――。福島県南相馬市で漁師の仕事をしてきて30年以上になる蒔田豊美《まきたとよみ》さん（50歳）は、自分の船を持って約10年。しかし、東日本大震災と東京電力福島第1原発事故のため、長男の裕成さん（18歳）との親子での操業ができないでいます。

2年前、原発事故が発生すると、浪江町は全町避難となり、蒔田さんが所有していた「泰晃丸」を係留していた同町の請戸港周辺への立ち入りが禁止されました。「泰晃丸」は、津波で漂流したままなのか、沈没してしまったのか確認するすべすら奪われました。

「陸《おか》に上がったカッパのようで、宙に浮いたみたいだった」と2年間を振り返る蒔田さん。ストレスで脱毛症になりました。

■建造への夢もつ

新たな船づくりに取り掛かっていますが、造船は順番待ちです。被災船の場合、福島県では国が9分の7を負担。建造への夢をもっています。

裕成さんは、3月、福島県に1校だけの県立水産高校の海洋科を卒業します。海技士《かいぎし》の資格を取ることができ、外国船にも乗ることができる技術を取得。「家族と一緒が良い」という裕成さんは漁師になることを決意していました。しかし、原発事故による操業自粛で人生設計が狂ってしまいました。

大震災が起きた日、蒔田さんの家族は、南相馬市鹿島《かしま》区の海岸近くの自宅にいました。避難指示が出て2台の自家用車に分乗して真野《まの》小学校まで逃げました。長老が「ここも危ない」と指摘、海よりさらに離れた保健センターまで逃げました。

妻の美雪さん（48歳）は「押し寄せてきた津波は船を押し流して、田んぼの上を走らせていった」と、そのときの恐怖を語ります。津波は自宅を基礎まで根こそぎ跡形もなく剝《は》ぎ、奪い取っていきました。

■「海を愛して」

蒔田さんは、子どものころから父親と一緒に船に乗っていました。中学を卒業して当時の漁協組合長の船に乗せてもらい漁師の仕事を覚えた蒔田さん。「海を愛してきました」。それだけに、海が放射能で汚されたことに怒りを感じています。東電が放射能汚染水を海に流したために魚が汚染され、食品の基準を超えたのです。

漁師仲間（左）と話す蒔田豊美さん（右）＝南相馬市鹿島港

昨年6月からミズダコ、ヤナギダコ、シライトマキバイに限定した試験操業を行ってきましたが、全ての魚介類から放射性セシウムは検出されませんでした。同年8月、福島県漁協組合長会で、ケガニ、ヤナギダコ、ミズダコなどの不検出の魚種に限定して試験操業を承認決定しました。相馬双葉漁協の鹿島、請戸支所は操業再開の準備を始めています。蒔田さんは言います。

「カレイやヒラメはブランド力があるのに、まだ操業できない。いままでのような利益は不可能だ」

東電は、敷地内の汚染水の海洋放出をねらっています。

「やばいです。海に流すなどとんでもない。次男も漁師になると言っています。『親子船』は無理でも長男と次男の『兄弟船』を実現させたい。夢はあきらめない」

（2013年3月14日付）

避難生活が妻の命縮めた

福島市内の仮設住宅で暮らす　熊川　馨さん

東京電力福島第1原発事故で福島県浪江町請戸から避難し、福島市内の仮設住宅で暮らす熊川《くまかわ》馨《かおる》さん（83歳）は、61年間連れ添った妻を今年1月に急性心筋梗塞で亡くしました。「つらく悔いの残る2年間」を振り返ります。

夏は暑く、雪降る冬。比較的に温暖な浪江町では考えられないようなストレス。妻の死を災害関連死だとして申請をしています。

「ここ（仮設）では死にたくない」と言う熊川さん。福島県のまとめによると浪江町の震災死者は149人。他に247人が災害関連死として認定されています。

避難生活による疲労や環境悪化などによって体調を崩し、病気にかかって亡くなった場合に国などから災害弔慰金が支給されます。認定されると生計を担っている人500万円、それ以外250万円が支給されます。

「ここにこなかったならば命を縮めることはなかった。『ただいま』と家に帰ってきても返事はない。一人暮らしになってさびしい」と熊川さん。

■脳裏をよぎる

いまだにあの日のことが脳裏をよぎります。２０１１年3月11日、これまでに遭遇したことのない強い揺れで家をでました。

門が倒れ、屋根瓦が崩れ落ちてきました。隣に住む1人暮らしの高齢者は泣きだしました。海の方を見ると「空も海も真っ黒。海と空の境目も分かりません。防波堤に砕け散る波。『大津波が来る。逃げろ』の声。妻と高校２年の孫の３人で自動車に乗り逃げました。妻は『人が流されて行くのを見た』と話していました」。命からがら着の身着のままでした。

「妻ともっと話したかった」と亡くなった妻を悼む熊川馨さん＝福島市内の仮設住宅で

高台の大平山に行くとすでに人でいっぱい。「浪江サンシャインに行け」という指示で移動。小学6年の孫が学校にいるということで迎えに行きました。「役場に避難した」ということで役場に引き取りに行きました。

「津島へ行け」「二本松市の小学校へ」「土湯温泉へ」――。被災者の「漂流」は続きました。福島市内の仮設住宅に落ち着いたのは同年8月になってからです。

「戦前戦中にも体験したことのなかった哀れな

避難だった」と話します。おにぎり2個とたくあん、ストーブもない板の間に毛布1枚の避難所、穴を掘っただけのトイレ。多数の避難者に洗濯機は1台。着替えもなくて表が汚れたら裏返しにして着続けました。「惨めで思い出したくもない」。

弟と妹夫妻が津波にのみ込まれて亡くなりました。浪江町への立ち入りは、「放射線量が高い」という理由で禁止。行方不明者の捜索が遅れました。弟の遺体が見つかったのは4月になってからでした。遺体の損傷は激しい状態でした。

「原発建設反対を貫徹していればよかった。阻止できなかったことは情けなく思う」と反省します。

■原発ゼロを必ず

国鉄（現ＪＲ）の労組組合員だった熊川さん。「（組合員のときは）反対運動にも参加し、集会にも行った。当時、ドイツの専門の博士を呼んで講演を聞いたが、実際に起きた事故の危険は講演の話を超えたものだった」。

「亡くなった妻とはもっともっと話をしたかった。早く除染をして一日も早く不安を取り除いてほしい。原発ゼロを実現してほしい」

（2013年3月18日付）

桃源郷に原発は似合わない

花見山公園の園芸農家　菅野　忠さん

「福島に桃源郷あり」。花の写真をライフワークとした写真家の故秋山庄太郎さんは、福島市渡《わた》利《り》地区の「花見山公園」をそう評しました。

今年も「花見山公園」周辺は、東海桜、梅、桃、ソメイヨシノ、レンギョウ、ボケ、モクレン、ツバキと春を彩る花が山全体に咲き誇っています。

秋山氏の作品で全国に知られるようになった「花見山公園」は、東京電力福島第1原発事故前の２０１０年には32万人の花見客でにぎわいました。しかし、原発事故後の11年3月13日はわずか１００人以下に激減。同年1年間で9万４０００人と3分の１になりました。

■サクラは捨てた

「花見山公園」は、花卉《かき》園芸農家の私有地の名称。阿武隈川《あぶくまがわ》右岸の丘陵地中腹の渡利地区にあり、無料で散策できます。３・11後に放射線量の高いホットスポットが見つかり、地区全体が除染に力を入れました。

同地区の花卉園芸農家の菅野忠《かんのただし》さん（73歳）は「野菜ほどは風評被害に遭わなかったが、1カ月は出荷できずに出荷間際だったサクラは捨てた」といいます。「花に原発は似合わない。出来

満開の花木畑に立つ菅野忠さん＝福島市

るのならば原発即時ゼロが良いです」と語ります。

菅野家は、父親の松太郎さん、祖父の君太郎さんの代から花木の生産農家でした。忠さんの代になり農地は4町歩と広がりました。渡利地区では耕作面積の大きい農家です。

松太郎さんは、北海道や北東北地方にも販路を拡大しました。「県外に出荷したのは父親が最初でした」と、父の商才を誇りにしています。

渡利地区は、雑木林だったところを開墾されて国内有数の養蚕地でした。１９２９年の世界恐慌で市場が大暴落。草花生産に転換したものの、太平洋戦争中には「不要不急の作物である花を栽培すると『非国民』扱い」されたと地域で語り継がれています。当時は「統制経済」で麦、豆、芋などをつくり供出しました。

■「復活のきざし」

戦後、百日草、カーネーション、マリーゴールドなどを生産していたものの、「連作障害があり花木に切り替えた」と、歴史を語る忠さん。「現在、力を入れて作っている花木の一つがナンテンです」といいます。

「ナンテンの花は真っ白。7月から8月に咲きます。11月から12月に赤い実をつけて赤一色に染まります。雪が降り、赤と白のコントラストは見事。ナンテンは、『難を転じる』と、縁起物として正月にはなくてはならない花木です。春だけじゃない。花見山の見どころは四季折々すばらしい」。

「花見山公園」周辺は、1996年から建設省（現国土交通省）の補助事業、山の小道を楽しく歩く「ウォーキングトレイル」事業に指定され、遊歩道が整備されました。07年には「ふくしま市景観100選」に選定されました。人気の景観が観光資源として活用されるようになり、人の往来が多くなりました。原発事故から2年を過ぎ、花見客「復活のきざし」。

忠さんは「花木の生育にとって土を踏み固められると悪影響を与えます。農地には立ち入らないでほしい。写真を撮る人が枝を折ったりする。栽培農家にとっては商品です。自然景観を共有して大事に育ててほしい」と訴えています。

（2013年4月9日付）

元の牧草地に戻してほしい

川俣町・酪農家3代目　斎藤　久さん

斎藤久《さいとうひさし》さん（40歳）は乳牛を育てる3代目の酪農家です。福島県東部に位置する阿武隈山系の川俣町で21頭の牛を飼っています。

■事故後牛が次々に

２０１１年3月の東京電力福島第1原発事故後、その年の秋までの間に5頭の牛が死に、２頭は流産して廃牛になりました。

「餌が自給できなくなって栄養がゆきとどかなくなりました。そのために死亡させてしまった」と原発事故直後の混乱を語ります。

小学3年、５年、中学1年の３人の子を持つ父親です。原発事故後の３月15日から半年間、東京都練馬区の妻の実家で避難生活を送りました。乳牛は両親に頼みました。

あれから2年が過ぎましたが、いまだに、乳牛に与える牧草は外国から買っています。

「今年の牧草の放射線量が牛に与えられる数値まで下がっているか5月下旬までには計測します。30ベクレル以下なら餌として使用可能になります」

近隣から牧草を調達できない現状が続く放射能禍の深刻さを話します。

牧草地は、牛に与えることができない牧草でも毎年育てていかないと、竹やススキ、ツル性の植物に覆われてしまいます。そのため、牛に与えられないのに育てた2年分の牧草が保管してあります。

「牧草が牛に与えられるように元の牧草地に戻してほしい。牧草地の放射線量が減少しないのなら山全体をきれいにしてほしい。保管している牧草の仮置き場を確保してほしい」

■順調だったが……

東京農業大学を卒業後、東京都八王子市の乗馬クラブで乗馬のインストラクターをしてきました。大学時代には競技大会で入賞したことも。27歳のときに故郷に帰り畜産業を継ぐことにしました。

仕事も順調で、親牛20頭、子牛10頭まで増やしました。「すんだ空気、満天の星空。福島に帰ってきて良かった」と感じていたときの原発事故でした。

「放射線量を気にしながら生きるのは苦痛です。原発事故は二度と起こさないでほしい。自然環境に恵まれた故郷が汚されています。子どもを外で思い切り遊ばせることもできません。原発は絶対に安全などありえません」

まもなく牛の繁殖の時期です。

「親から受け継いだ土地と財産を失うわけにはいきません。酪農は手をかければ自分に返ってくる仕事です。頑張っていきます」

（2013年5月6日付）

乳牛に餌を与える斎藤久さん＝福島県川俣町

開花の便り〝心の花〟

「三春の滝桜」の子孫木を増やす　近内　耕一さん

国の天然記念物に指定された日本三大巨桜の一つ、福島県三春町《みはるまち》の「三春の滝桜」の子孫木を増やす仕事を続けている人がいます。同町で農業を営む近内耕一《こんないこういち》さん（80歳）です。

滝桜は、樹齢1000年を超え、樹高12メートル、幹周り9・5メートル、枝張り東西22メートル。三春町長らは、2月にブータンを訪れ、滝桜の子孫木を贈呈しました。ブータン国王が被災地を訪問してくれたことへのお礼です。オーストリア、ポーランド、ハンガリー、台湾など海外にも子孫木は送られています。

東日本大震災と東京電力福島第1原発事故後、観光客は激減しました。最高時30万人を超えていた花見客は、昨年は21万人。町役場は「今年は集計中です。昨年よりは増えていますが……」といいます。

滝桜を一目見た人は「身近なところでこんな桜が見られたなら幸せ」とロマンに誘われ、滝桜の子孫木を増やそうと苗木を買い求めていきます。

■68歳で苗木販売

近内さんが、こうした花見客に苗木販売を始めたのは68歳になってからでした。稲作のほか養蚕とタバコ作りで生計を立てていましたが、いずれも斜陽産業。転作を余儀なくされたためでした。先駆者の先輩が「後継者としてやってみろ」と100本の苗木を分けてくれました。熱心な指導を受けて自立できるようになりました。

6月ごろに桜の実の種を拾います。これをネットで包んで土に保存します。翌年2月に発芽させて植えつけます。発芽させたものを1年間育てて台木にします。接ぎ木の基本は、しっかり根の張った台木をつくることです。台木に穂木を接ぎ木し、育てます。同業者の成功率は70％から80％ですが、近内さんの接ぎ木の成功率は90％を超えています。

今年2月には1300個の種を植えましたが、5本しか育ちませんでした。「発芽しない。苗不足が心配です」と不安がります。「異変が起きています。発芽率が3割減ったというのが接ぎ木仲間からの報告です。サツキの盆栽をしている農家からも『原因不明で枯れてしまった』という話が話題になっています。放射能が原因でなければいいのですが……」。

「滝桜の娘」といわれて樹齢約400年といわれる「紅枝垂れ地蔵桜」の接ぎ木にも挑戦している近内さん。「接ぎ木が成功して、買ってくれた人から『桜咲きました』と電話が来る。

滝桜の子孫木の種の着き具合を見る近内耕一さん＝三春町

お金にかえられない喜びです。『咲いた』という便りが心の花です」という近内さん。

■植樹200本が目標

1万9000坪の畑を桜でいっぱいにすることが夢です。200本の桜を植えるのが目標。すでに100本を植えて60本は咲き始めました。

「三春の滝桜と放射能汚染は相いれません。人間も動植物などの生き物も全部被害者です。危険なものは避けてほしい。人間が滅亡してしまいます。危険な原発はゼロにしてほしい」と話しています。

（2013年5月14日付）

市民の立場で記録し発信

原発被害を告発する　小渕　真理さん

「福島で起きていることは、ヒロシマ、ナガサキ、チェルノブイリなどと同じく次世代、次々世代まで伝え続けていかなければ」と話すのは、福島県白河市にあるNPO法人「アウシュヴィッツ平和博物館」（＊）の館長、小渕《おぶち》真理《まり》さん（56歳）です。

「次世代に戦争の惨禍を語り継ぐ『市民による手づくりのミュージアム』」として2000年4月、栃木県塩谷町《しおやまち》に開設された同「平和博物館」が、03年に白河市に移転して10周年を前に東京電力福島第1原発事故が起きました。

■共通する「危機」

「命と人権が危機にさらされている」ことでは、ポーランドの強制収容所アウシュヴィッツで起きたことも、福島第1原発事故も「共通する」と認識する小渕さん。

「10周年記念の事業を『原発災害情報センター』の建設にチェンジしました」。今年5月、「平和博物館」に隣接する場所に、姉妹館として同「センター」を〝未完成オープン〟しました。今後、常設展示をめざしています。

展示パネルを説明する小渕真理さん＝白河市

現在、立命館大学の国際平和ミュージアムの協力で「放射能と人類の未来」と題した企画展を開いています。「放射線とはなにか」「福島原発事故で放出された放射能」「福島事故のコスト」など分かりやすく解説した約30枚のパネルが展示されています。

「将来、福島県としても何らかの展示館のようなものはつくるかもしれませんが、市民の立場で正しい情報を集めて展示したい。ボランティアでやっているので、募金も呼びかけています」と小渕さんは言います。

「小学高学年から放射能について学習する必

要があると私は考えています。福島の子どもたちの不安は計り知れません。『結婚できるだろうか』『子どもを産んでも大丈夫だろうか』など深刻です。正しく知って、元気が出てホッとする。差別に立ち向かえるようになる学ぶ場になればいい。出前学習もできればいい」と思っています。

■骨を埋める覚悟

福島原発事故から2年3カ月余。「身近に偏見と差別がありました。『(福島の原発事故で) 死亡者が出ている状況はない。安全性を確保しながら (原発を) 活用するしかない』と述べた自民党の高市早苗政調会長の発言や復興庁官僚のツイッター暴言など〝鬼がいる〟のではないかと思うほど福島の真実が伝わっていません。正しく記録し、発信していく必要があります」。

東京出身の小渕さんは、住民票を白河市に移し、「福島に骨を埋める」覚悟を固めています。「広島や長崎の資料館に匹敵するセンターを目指したい」。

＊「アウシュヴィッツ平和博物館」

アウシュヴィッツ強制収容所跡を保存管理するポーランド国立オシフィエンチム博物館から犠牲者の遺品、記録、写真を借り受け展示しています。

年間約3000人の来館者がありましたが、原発事故のあった2011年は1894人に激減しました。一般500円、高校生300円、中学生以下無料。午前10時から午後5時 (12月から2月は午後4時) まで。火曜日閉館。問い合わせ＝TEL0248 (28) 2108

(2013年6月24日付)

東電に勝つまでは……

被害の原状回復目指す原告　金井　直子さん

命と古里、仕事を奪い、健康と家族をこわした東京電力福島第1原発事故。福島県楢葉町からいわき市に避難している金井直子《かないなおこ》さん（47歳）は、被害者と加害者の立場が逆転していることに衝撃をうけました。加害者の東京電力が一方的に損害賠償の基準を押し付けようとしていたことを知ったからです。

被害の原状回復を目指して避難者訴訟に加わりました。２０１２年12月、40人が原告となり第1次提訴しました。7月17日、第2次提訴を準備しています。

■伯母は関連死に

「一人の主婦として」を強調する金井さん。２０１１年3月11日までは約70人が働くバルブ製造工場の事務職を担う責任を負っていました。当日、余震もあってパニックになった同僚もいましたが、全員の無事を確認できました。海岸の方を見ると津波が襲ってくるのが見えました。

職場は高台にありました。「家（自宅は）駄目だな」とつぶやく仲間たち。工場長と相談、職場解散としました。「てんでんばらばらに避難しました。その後職場の仲間とは二度と会うことがない別れ」となりました。

「いばらの道でもやるしかない」と決意を語る金井直子さん

会社から家には帰れたものの、原発事故の知らせを聞き、急いで貴重品と毛布などを積み込みいわき市へ向かいました。車中や小学校の体育館などで避難生活を余儀なくされました。

大震災当時、大熊町に住んでいた79歳になる母親と連絡が取れたのは4日もたってからのこと。母は伯母と一緒でした。その伯母は昨年9月28日に亡くなりました。避難生活をするなかで食事が取れなくなり、衰弱していき命を縮めたのです。原発事故関連死です。原発事故の避難生活がなければ亡くなることはありませんでした。「惨めな死に方をさせてしまった」と、つらく悲しい思いに駆られる母。いまは、いわき市の借り上げ住宅に住む金井さん夫婦とその子どもの近くで暮らしています。

「母は一戸建ての家で一人暮らしでした。広い家だったので、ストレスが多いでしょう。畑を耕すなどのんびりとした穏やかな暮らしが奪われました」と、母を心配します。

楢葉町にある金井さんの自宅は築5年。多額のローンが残っています。そのうえ「一生の仕事」と思っていた職場を奪われました。

■決意の事務局長

「このままでは終われない」。悔しさがにじんでいます。原告団事務局長を引き受けたのは、「逃げないで避難者の負っている過酷な実態を見つめて東電に責任を取らせていく」決意を固めたからです。

「国策で始まった原発です。子どもたちの未来と今後の日本。『これでいいのか』が問われています。裁判は死ぬまでかかるかもしれません。勝つまではいばらの道。けれどもあきらめたくはありません」

（２０１３年７月１日付）

音楽には被災者癒やす力　勇気届けたい

アルトサックス奏者　川瀬　美歌さん

アルトサックス奏者の川瀬美歌《かわせみか》さん（21歳＝仮名）は、福島県飯舘村《いいたてむら》出身です。

東日本大震災と東京電力福島第１原発事故が起きた「３・11」当日、川瀬さんは学生でした。学内で合奏サークルの練習中でした。３階建て校舎はガラスが割れ、２階の一部がつぶれました。幸いに川瀬さんらにケガはありませんでした。

イラスト・大橋沙織さん

■家族バラバラ

家族と連絡を取り無事を確認。福島市内に住む姉と合流しました。その後、村全体が計画的避難区域となり、全村避難となりました。曽祖父母、祖父母、父母、4姉妹の家族は、川俣町や福島市内の借り上げアパートなどに避難、バラバラに暮らすことになりました。曽祖母は楽しみだった野菜作りができなくなりました。かわいがって育ててきた猫は村に置いてこざるをえませんでした。

思い出のいっぱい詰まった飯舘村。「空気がおいしく自然豊か。山で採ったワラビ、桜の下で食べたお弁当。人と人のつながりの深い飯舘に帰りたい」。

大震災と原発事故は、川瀬さんの心に深い傷を残しました。「結婚して生まれる子どもは健康だろうか」「不安の中で悲しいことが多すぎました」と、2年4カ月を振り返ります。

「(原発事故は)理不尽だと思います。許せないなあと思います。でもへこんでいるわけにはいかない。立ち止まっているわけにはいかない。前向きに生きなければならない」と、自分を奮い立たせています。

大学を卒業した川瀬さんは民間企業で働いています。「学校で演奏した仲間と社会人バンドを作る。最低でも5人集めて演奏できればいいな」と、夢を持っています。

中学校の吹奏楽部で始めたのがアルトサックスです。アルトに相当する音域を持つ楽器です。「フルートが希望でした。先生からアルトサックスをやるようにいわれました。やっているうちに面白みが分かってきました」。

中学、高校、大学と音楽を学んできましたが「プロでなくていい。自由に演奏したいので趣味の範囲で自分らしく吹こうと思っています」。

「来年の夏ごろまでは、演奏仲間と高齢者の施設や仮設住宅などを回って音楽を奏でられれば最高だ」と希望を膨らませる川瀬さん。「音楽は裏表がありません。楽しい。癒やす力を持っています。悲しい曲でも悲しみから、はい上がる力を聞く人に届けます。希望を明るく照らし勇気を届けます」。

■相いれぬ存在

安倍政権の原発再稼働方針に反対です。「全国で福島の二の舞いになってほしくない」と思うからです。

川瀬さんは言います。「音楽と原発は相いれないと思います。生きる力をつけてくれて人に役立つのが音楽。危険と隣り合わせの原発はそれとは正反対です。原発ゼロに向かうべきです」。

（2013年7月22日付）

勝訴しエネルギー政策転換へ

「生業を返せ、地域を返せ！」福島原発訴訟原告団長　中島　孝さん

「この裁判が『人類史に画期をなす大きな変化をつくり出した』と後世に語り継がれるものにしなければならない」

福島県相馬市でスーパーを経営する中島《なかじま》孝《たかし》社長（57歳）は「生業《なりわい》を返せ、地域を返せ！」福島原発訴訟（福島地裁）の第1回口頭弁論でそう陳述しました。

■「乗り子」ネット

中島さんが住む相馬市松川浦《まつかわうら》は、福島県東北端にあって東は太平洋に面しています。ノルウェー沖、カナダのニューファンドランド島沖と競う世界三大漁場をひかえた金華山《きんかさん》沿岸に隣接する原釜港（相馬港）があり、ここからはトロールや刺し網の漁船250隻が漁に出ていました。

東京電力福島第1原発事故で海に広がった放射能汚染水の影響により、漁は自粛させられました。東電は今年7月になって新たに汚染地下水が海に流出していると公表しました。

「これで漁復活の見通しは絶望的な状況に追い込まれました。東電は、がんばろうと思っていた漁師を崖っぷちから突き落としたような大打撃を加えました。漁業とともに暮らしてきた地域経済にとっても他人事ではないです」と、怒りを新たにしている中島さん。魚の行商をしていた

父親とスーパーの店舗を構えたのが28年前。地域に密着した地産地消で市場に通い、新鮮な魚や手作り弁当や総菜などを消費者に提供してきました。

相馬市は大震災で479人（13年3月現在）の命が奪われました。浜に2軒あったスーパーは流されました。高台にあった中島さんの店舗は無事でした。従業員とともにポリタンクなどを集めて水を確保。被災者に配りました。水や食料を求めて殺到する客。大震災から3日目にはすべての商品がカラッポに。備蓄していた米を放出しおにぎりを作り、避難者に提供しました。

大震災から1カ月が過ぎた4月中ごろ、店に買い物に来た若い漁師の奥さんから「お金が底をつきました。食べ物が不足して、どうやって生きていけばいいのか」と訴えられました。

手作りの総菜が売り物の中島ストアの中島孝社長

自宅が無事だった漁師など被災者が避難所から自宅に戻ると、支援物資の配布が止まりました。「自宅までは配布できない」という理由でした。市と交渉。住民自ら配布することを条件に各戸の被災者にも届くように手配しました。130人の災害困窮者を名簿化して支援物資が届くようにしました。漁船に乗る人たちを意味する「乗り子」ネットワークと命名。助け合いました。「中島ストアは命の恩人」と今も感謝されています。

今年3月には、原発事故からの完全な救済と、原発からの脱却を求めて、裁判を起こしました。原告は、沖縄県など全国に避難した被災者も加わりました。800人の集団訴訟。9月10日に第2次提訴を準備しています。

■原告1万人目標

「1万人の原告団を目標にしています。これだけの被害をもたらしているにもかかわらず国は原発を止めようとしていない。国民の願いを踏みにじるこんな横柄な国はない」という中島さん。訴訟では東電だけでなく、国も初めて被告にしました。

放射線量が事故前の数値に回復するまで原告1人当たり月額5万円の支払いを求めています。中島さんは「店舗は息子に任せて、多くの時間を裁判闘争に使っています。国と東電に勝訴して人類の暮らしのエネルギーを原発から自然エネルギーに変える豊かな社会の転機としたい」と述べています。

（2013年8月9日付）

共産党勝って原発ゼロへ

浪江町離れ仮設暮らし　松本　スミイさん

福島市のしのぶ台仮設住宅で暮らす松本《まつもと》スミイさん（62歳）は、東京電力福島第1原発の事故で浪江町の自宅を離れて避難しています。松本さんは、参院選挙で初めて日本共産党に投票しました。「開票の夜は遅くまでテレビを見ていました」と、躍進を喜びます。

■投票した理由は

「安倍さん（首相）ではダメです。憲法を変えて自衛隊を国防軍にしようと言っています。今度は自民党に言いなりにならない共産党に勝ってほしい」。東日本大震災後にあった福島県議選でも浪江町議選でも入れたことのなかった松本さんが、初めて日本共産党に投票した理由の一つです。

「安倍内閣では戦争をする心配がある」と不安に思う松本さん。「高校生になる孫たち若者を侵略戦争に巻き込ませることのないように、憲法をなんとしても守ってほしい」。

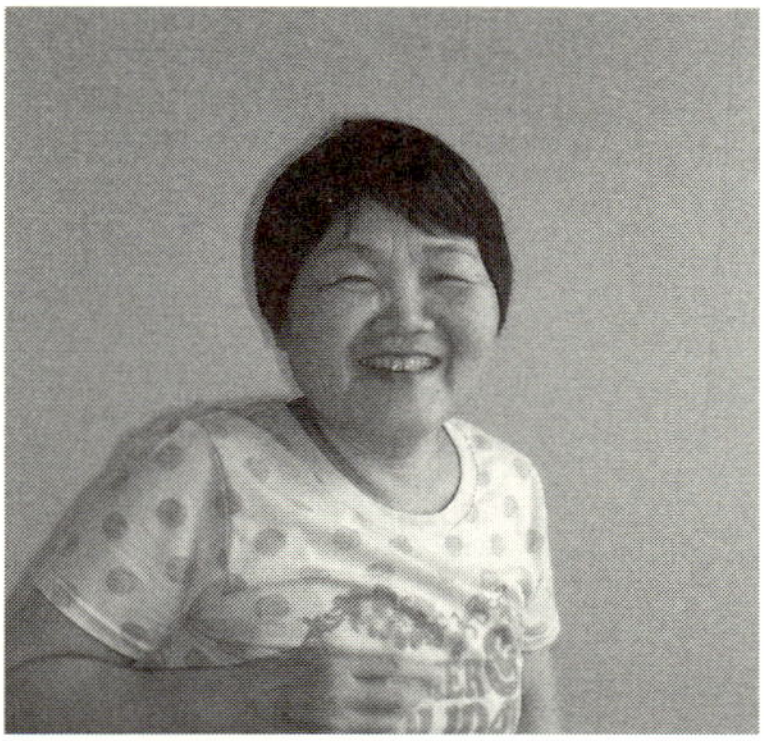

「躍進した力で再稼動やめさせてください」と話す松本スミイさん＝福島市の仮設住宅

日本共産党を支持した二つ目の理由は、消費税増税に頼らない別の道があると対案も示して増税反対を主張していたからでした。

「早く復興住宅を建て、暮らしを安定させてほしい」。そう思う松本さんたち被災者にとって、消費税増税は大変な負担になります。

「私たち避難者が原発事故でこれほど苦しんでいるのに、増税でさらに被災者も含めて重荷を背負うことになります。節約節約の避難生活のうえに、先も見通せない暮らし。増税など許せない」

さらに、東電福島第1原発の汚染水が海にもれていることが発覚するなど、収束などしていないのに再稼働しようとしている自民党政府に松本さんの不安は増すばかりだといいます。

「すべての原発は廃炉にしてほしい」という松本さん。最も共感できたのは、日本共産党が再稼働に反対し、原発をゼロにして自然エネルギーへの政策転換を求めていることです。

■生きがい奪われ

松本さんは、葛尾《かつらお》村出身で浪江町の農家に嫁ぎました。3人の子どもが5歳、9歳、10歳のときに夫は病死。洋和裁の専門学校を卒業した松本さんは、縫製工場で働きながら子育てしてきました。

二十数年働いた会社は、リーマン・ショックで倒産。その後大熊町のスーパーで働きました。大震災の2011年3月11日はスーパーでの仕事を終えて、浪江町の家で休んでいたときでした。経験したことのない激しいゆれ。屋根瓦が落ち、家の中もメチャクチャ。翌日、浪江町津島の親戚宅に身を寄せましたが、浪江町の指示で猪苗代《いなわしろ》町のホテルに避難しました。

生活環境の変化でストレスから体調を崩しました。滋賀県に住む長女の家に移るものの、眠れない日が続き病院通い。今年4月に福島に戻ることを決意してしのぶ台の仮設に入居しました。

働き続けて一戸建ての家を浪江町に持った松本さんにとって仮設は狭く、壁一つで仕切られた部屋は「プライバシーが守られずストレスは解消されていません」。

「働き続けられることが生きがいです。1時間でも2時間でもいい。働きたい」「正論を言っていて、それを行動に移してちゃんとやる」。躍進した日本共産党の活躍に期待しています。

（２０１３年8月15日付）

2 あきらめない

この訴訟は被害者団結の象徴

生業訴訟原告弁護団　鈴木　雅貴さん

「福島に骨を埋める覚悟です」。「生業《なりわい》を返せ、地域を返せ！」福島原発訴訟原告弁護団の鈴木《すずき》雅貴《まさたか》弁護士（27歳）は、同訴訟の事務局を務めています。

静岡県出身の鈴木弁護士。「旅行で来ただけで東北とはまったく縁がありませんでしたが、被害者救済をしたい」と思い立ったことから福島に骨を埋めることにしました。

■不十分な現状

被災者たちは「去るも地獄、残るも地獄」です。2年5カ月を過ぎて、いまなお15万人もの避難者がいる福島県。「最近山梨県に避難した女性の話を聞きましたが、故郷の福島を去る決断をするまでも悩み、去って避難してからも悩んでいます。それまで培ってきたコミュニティーが壊されてしまっています。平穏に暮らす権利が奪われているのです」。

東京大学で倫理学を学びました。その後名古屋市にある法科大学院で法律を学びました。東日本大震災と原発事故が起きた２０１１年３月のときは大学院３年生。司法修習生のときに希望して福島県で研修を受けました。「救済の現状を見ると不十分なのが見えてきた」と言います。

福島に赴任した後、除染ボランティアに参加してきました。いたるところに放射線量の高いホットスポットがありました。「大変なことが起きている」のを実感しました。

「国や東京電力が責任をもち除染しなければならないのに、被害者が自分でやらざるを得ない。賠償の枠組みについても加害者である国と東電が決めている。加害者と被害者が逆転しています」と怒ります。

「目に見えない被害を見てほしい」と強調する鈴木雅貴弁護士

３・９マイクロシーベルトの小学校の校庭で子どもを遊ばせるかどうかをめぐって、「遊ばせていい」という考えと「危険だ」とする意見が対立する。孫が避難先から帰ってこなくなり傷つく祖父母――。そんなバラバラにされた被害者の団結の象徴が「生業訴訟です」と言います。

「家族が壊されて絆がちぎられました。『絆』『絆』とあえて強調せざるを得ない。福島のいまだ修復できないでいる目に見えない被害を見てほしい」と多くの国民が注目することを訴えます。

■責任を明確に

「何の落ち度もない市民が、原発事故で塗炭《とたん》の苦しみを強いられています。憲法13条に基づく平穏に生活する権利を取り戻すたたかいです」と訴訟の意義を強調する鈴木弁護士。原告を組織する役割を担っています。9月中に1000人の第2次提訴をする準備に余念がありません。

「国と東電の責任を明確にさせる。国と東電に福島の今を原状に回復させる。主目的はそこにあります。福島原発事故被害者の声に真摯に、そしてしっかりと耳を傾けてほしい」

着任して7カ月の鈴木弁護士。「冬は寒く、夏は暑い。静岡県より2段階も気候が違って感じられます」と慣れない土地に溶け込もうと懸命です。

（2013年8月19日付）

愛される果実、情熱をもって

安全・安心へ努力 JGAP認証を取得、果樹園経営 佐藤 ゆきえさん

福島市飯坂町《いいざかまち》の「まるせい果樹園」は、いま、モモの収穫の最盛期です。

6月のサクランボの出荷から始まり、他にリンゴ、ナシ、ブルーベリー、ブドウ、カキの計7品目を栽培する同果樹園社長、佐藤清一《さとうせいいち》さん（43歳）とゆきえさん（42歳）夫妻は、職場で知り合って結婚しました。

■一から学んで

サラリーマン家庭で育ったゆきえさん。農作業は初めての経験。持ち前の努力で一から学びました。今では、全国から観光客が訪れる観光農園の〝広告塔〟です。名刺に「看板嫁」と書きそえています。

佐藤さんの家は、米、養蚕、野菜から約70年前に、ナシ、リンゴなど果樹に転換。さらに、サクランボ、モモなどが加わり、東京ドーム1個半ほどの7・5ヘクタールの果樹園に。5年前から始めた草などを肥料にする緑肥を目的にして植えたヒマワリは、1・5ヘクタールに2万5000本が咲き誇る「ヒマワリ果樹園」として発展し、「花も実も一望できる農園」として広く知られるようになりました。

ところが、東日本大震災と東京電力福島第1原発事故が起きた2011年。「年間8000人から1万人あった観光客はほとんど来ません」でした。「おいしいけど贈答用にはちょっと」と、長年の常連客が一時離れていきました。

「果物王国の福島で復興・再生するためには、ここでくじけているわけにはいかない」。佐藤夫妻と農園スタッフは原発事故による風評被害とたたかう覚悟を固めました。

■消費者に手紙

徹底した除染、栽培記録の保存と公表、最小限の農薬使用と検査、水質検査、農産物のサンプ

モモのでき具合を見る佐藤ゆきえさん＝福島市

ル検査など120項目を超えるチェック表に基づいて安全・安心の果樹作りに努めました。首都圏などで開かれる復興イベントに毎週出かけ「検査証明による広告塔」に徹しました。11年5月、福島と全国の絆づくり、風化対策、観光対策など、さまざまな思いがこめられたひまわり里親プロジェクトにも協力。「長く観賞できるように」と、ヒマワリを植える時期を3回にずらしています。

こうした努力が実を結び、今年、食の安全や環境保全に取り組む農場に与えられるJGAP（日本GAP協会）の認証を取得できました。「6000人の観光客にもどすことも視野に入りつつある」までに。

JGAPの認証を受け、まるせい果樹園は、消費者に手紙を出しました。

「震災以降、不安定な状況の中での福島の農業ですが、自信をもって、おいしく安全な果実を作っていることを誇りに思える認証を獲得しました」「愛する福島で、皆様に愛される果実を続けるために情熱を持って努力し続けていく覚悟です」

（2013年8月26日付）

米作りをあきらめない

浪江町出身　佐藤　恭一さん

「狭いところに押し込まれていつ帰れるのか分からない夢のない2年半だった」。福島県浪江町《なみえまち》から福島市内の「しのぶ台仮設住宅」で避難生活をおくる佐藤《さとう》恭一《きょういち》さん（71歳）と富子さん（70歳）夫妻は、収束のめどがたたない東京電力福島第1原発事故に翻弄された2年半をそう振り返ります。

恭一さんは建設資材を運ぶドライバーでしたが、父親が亡くなり、30代で農業を継ぎました。大震災前は、4町5反の田んぼでコシヒカリを専門に作ってきました。トラクター、コンバイン、乾燥機などの農機具のローンの支払いも終わり、「借金を気にせずに米作りに専念できる」と、楽しみでした。

「いつでも戻れれば米作りは再開できる」と思っていたのに、全町避難となった浪江町。佐藤さん夫妻が住む地域は、年間20ミリシーベルト以下の避難指示解除準備区域。昼間の出入りは可能ですが宿泊は禁止されています。「草刈りにいく程度」です。

「作付けの見通しもなく、たとえ作付けしても米を買ってもらえるのか保証はまったくない」と、農業再生への見通しはありません。

佐藤恭一さんが作った筆立て小物入れ＝福島市のしのぶ台仮設住宅で

■筆立てが評判

大震災直後、福島県内の避難所を転々とした後に新潟県に避難。避難所でボランティアの人が教えていたペンや携帯電話、テレビのリモコンなど小物を入れる「筆立て」作りを見よう見まねで覚えました。

仮設住宅住まいとなり、「ただボーっと生きていてもダメ。何かしよう」と「内職代わり」に筆立て作りを始めました。デザインは佐藤さんのオリジナルです。

新日本婦人の会の催しで展示販売しました。仮設にボランティアに来た人たちを通じて評判になり、注文が来るようになりました。

■「生きている」

「福島で仮設暮らしをしている老人の思いをくみ取ってほしい」と佐藤さん。「どっこい生きている」というメッセージを筆立てにこめています。

佐藤さん夫妻の一番の願いは、農業に復帰することです。

米作り、野菜作りがあきらめられません。仮設住宅の近くに畑を借りて野菜作りを始めました。「1畝《せ》＝（99・17平方メートル）の畑にキュウリやブロッコリーなどを作って楽しんでいる」といいます。

富子さんはいいます。「最近の汚染水の問題をみていると、浪江町に簡単には帰れないと感じます。いつ戻れるのか不安です。国も東電も隠すことをしないでほしい。せめて自分たちの食べる食料だけでも自分の田畑で作りたい」。

（2013年9月11日付）

豊かな漁場、魚を捕りたい

相馬市の漁師　安達　利郎さん

「再稼働にお金をかけるのなら汚染水対策や廃炉にかけるべきだ」。福島県相馬《そうま》市で15歳のときから漁にでてきた漁師の安達利郎《あだちとしお》さん（62歳）は、東京電力福島第1原発事故で300トン以上の汚染水が海に流れ出していた問題が新たに浮上したことに怒り心頭です。

「つらい。捕れるものが捕れない。福島産の魚が採算ベースにのるまでは早くて5年。10年以上はかかるだろう」と、暗澹《あんたん》とする思いです。安達さんにとってこの2年半は、収束の見通しもなく混迷する原発事故に翻弄されてきた日々でした。

■出荷ができない

自粛が続いていた福島県沖の漁業は、再開へ向けて試験操業開始を9月初旬に予定していました。その矢先に汚染水問題が起きたのです。相馬双葉《ふたば》、いわき市両漁協は、9月初めからの試験操業開始の延期を決定。今後は、9月下旬から底引き船、10月初旬から小型船によるシラス漁の試験操業を予定しています。

漁の再開を待つ安達さん夫妻

「刺し網でカレイをとってきた。『常磐もの』として高級品だった。150種類もの魚が捕れる漁場。原発事故をめぐって次々と明らかになる放射能汚染問題。福島産として出荷はできなくなった」と、嘆きます。

韓国政府は、福島など8県の水産物をすべて輸入禁止にすると発表しました。安達さんはいいます。「国はずるい。東電任せだ。国が責任をもって海外まで広がっている風評被害にたいして漁民とともに対策をとって解決にあたるべきだ」。

安達さんは、2年半前の3月11日、早朝の漁を終えて自宅にいました。経験したことのない揺れ。揺れが収まるのを見て6・6トンの自前の船「神変丸」を係留してある松川浦漁港に走りました。

押し寄せる津波に対して45度の角度をとって沖合に。不気味な海鳴り。繰り返す余震。「大しけとも違うすごいうねり。日は落ち、灯台も港の灯も見えない真っ暗闇の海の上で一晩をすごした。携帯電話はつながらない。情報はラジオだけ。家族の安否が心配だった」。

■明日にでも漁に

相馬市の震災で亡くなった人は439人。「沖に出るのが遅れた船は津波にのまれた。一瞬の差だった」。3月12日、朝6時すぎ、松川浦漁港に隣接する相馬港に戻りました。

命拾いをした安達さんは「漁が再開できるときは必ず来る」と、漁具の手入れや点検は欠かさず行っています。「明日にでも漁をしたい」。

命がけで船を守りました。1700万円かけてエンジンを入れ替えて再操業を待っています。しかし、船を失った人たちはこれから建造しなければなりません。フル装備をすると7000万～8000万円は必要。「底引き漁船を造ると2億円はかかる。消費税増税などとんでもない話だ」と訴えます。

「原発さえなければこんなに苦しむことはなかった。原発はゼロにすべきだ」

（2013年9月13日付）

すべてを元に戻させる

イチジク生産者　高橋　勇夫さん

「定年後の第二の人生をこなごなにされてしまった」。福島市内で加工用イチジクの「ホワイトゼノア」を栽培する高橋勇夫《たかはしいさお》さん（64歳）は、東京電力福島第1原発事故で受けた被害について語ります。

■泣くに泣けない

設備プラント会社のサラリーマンだった高橋さんは、59歳のときに早期退職。20アールの土地で2010年4月に植菌し、キノコの栽培を始めました。しかし原発事故で、大きな被害を出し、この土地でのキノコ栽培はあきらめました。原発事故は計画を台無しに。「泣くに泣けない」苦境に遭遇させられたのでした。

キノコ栽培の他にもおじがやっていたイチジク栽培を引き継ぎました。

西洋イチジクのホワイトゼノアです。ジャムや甘露煮など加工用に栽培されます。農林水産省統計（2011年）によると、イチジクの産地と収穫量のベスト5は愛知県（2814トン、19・06％）、和歌山県（2284トン、15・47％）、大阪府（1530トン、10・36％）、兵庫県（1282トン、8・68％）、福岡県（1281トン、8・68％）です。福島県は、収穫量全国15位、197

トン、シェアが全国の1・33％にすぎません。

「モモやリンゴなど誰もが作っているものより、作る人が少ない果物をやってみよう」

無農薬による栽培を心がけました。イチジク栽培の大敵はカミキリムシ。これまで薬剤で駆除されてきましたが、バイオリサ・カミキリという製品が開発されました。

カミキリムシに寄生する昆虫病原性糸状菌を人工的に付着させたシートをイチジクの幹や枝の分岐部分に巻き、糸状菌に感染させて死滅させる微生物殺虫剤を使用しました。シートは自然分解するので回収する必要もなく、環境や人、家畜、有用生物に影響をおよぼさない駆除剤です。

■安全・安心優先

「開発されたばかりで高価ですが、安全・安心を優先させました」と高橋さん。一昨年は不作と放射能汚染についての風評被害で価格が暴落。しかし、東京電力は前年の売上高の記録が残っていないことを理由に賠償に応じていません。「亡くなったおじは販売記録など残していなかった」と悔しがる高橋さん。国と東電に原状回復をさせる訴訟の目的に共感し、「生業を返せ、地域を返せ！」福島原発訴訟に加わりま

イチジクの生育を確認する高橋勇夫さん＝福島市

した。

現在約250本のイチジクを栽培。原発事故後、新たに100本増やしました。今年4月には1500本を挿し木し、来年4月に移植する予定の高橋さん。安全な環境を取り戻し、安心して食べられる果物を生産することは人生後半の生きがいに直結した課題です。

「東電は、被害者が請求した賠償金をきちんと支払うべきだ。水も、空気も、土地もすべてを元に戻させる」――。高橋さんの決意です。

（2013年9月30日付）

正確に発信し続ける

福島金曜行動に毎回参加　福地　和明さん

「放射線量の高いところは避け、外出するときにはマスクをします」と話すのは、福島市内のスーパーで働く福地《ふくち》和明《かずあき》さん（40歳）です。

福島市内の街なか広場で行われている「原発ゼロ」「再稼働反対」の金曜行動に友人を誘って毎回参加しています。

■自ら動かないと

東京電力福島第1原発事故発生に、「大変なことが起きた」と思いました。働いていたスーパーの店内は、商品が散乱。ガラスは割れ、作動したスプリンクラーで水浸し。「足の踏み場もなく地獄絵だった」と2年半前の当時を振り返ります。

数日間は店内の後片付け。日用品を求めて店外に列を作る客の対応に追われました。「1週間ほどで店内販売ができるようになったものの、原発事故後は、福島産の牛肉、川俣シャモ肉は今も仕入れていません」と、食料品に与えた原発事故の打撃を語ります。

職場が落ち着きを取り戻したころ、「自分の住むアパート周辺の放射線量はどのぐらいあるのだろうか」と気になりました。「共産党なら線量計を貸してくれるだろう」と、日本共産党福島・相馬地区委員会を訪ねました。

タンバリンをたたきアピールする福地和明さん＝福島市内

「思っていた通り快く貸してもらえた」のです。早速測って驚きました。「毎時6・0マイクロシーベルトもありました。高くても1～2マイクロシーベルトぐらいだろうと思っていましたから衝撃でした」と話します。

「共産党の市議に相談しました。福島市に除染について要請しました。放射線量の高いアパート周辺の土壌を土嚢《どのう》で覆うことで除染をすることになりました。その結果、0・3マイクロシーベルトまで下がりました」

行政に働きかけるなど初めての経験でした。

「身近に日常的にある放射能の脅威は〝脱原発〟

の思いを強くしたんです。自分で動かないと変わらない」と福地さんは思いました。

■完全な収束まで

福島県でも金曜行動を行っていることを知り、毎回参加するようになりました。

繰り返される放射能汚染水の漏洩《ろうえい》。それでも「汚染水による影響は完全にコントロールされている」「健康問題については現在も将来も全く問題ない」と強弁する安倍首相。

「福島から〝脱原発〟の声を上げ続けないとダメだ。何も変わらない。事故が完全に収束するまで金曜行動は続けたい」と福地さんは強調します。

「安倍首相は東京でオリンピックをやりたいから、本当のことを言わなかったのでしょう。福島で起きていることを、私たちが正確に発信し続けることが大切です」と決意をしています。

（2013年10月11日付）

太陽光発電で原発ゼロへ

モモ・リンゴ生産農家　橋本　光子さん

「原発に頼らない。自家発電所ができたらいいなぁ」。福島市でモモとリンゴを生産している果樹農家の橋本光子《はしもとみつこ》さん（57歳）は、東京電力福島第1原発事故で価格の暴落に苦しんでいます。

「農協に出荷すると以前の価格の3分の1。ようやく半値まで戻りましたが、贈答用の顧客が激減しました」と、原発事故から2年半以上すぎても放射能の風評被害に悩まされています。

東日本大震災が起きた3月11日、橋本さんは郡山《こおりやま》市にいました。急いで戻りましたが、家にたどり着いたのは夜7時すぎ。蔵が倒れていました。家族総出の後片付けには2日かかりました。「孫を外に出さないようにとお守り役でした」と橋本さんは言います。娘と孫は山形県に避難。昨年9月まで避難生活をしていました。

■生産意欲を奪う

放射能被害は、夫の生産意欲を奪いました。モモとリンゴを約2町歩（約2ヘクタール）作っていましたが、リンゴの木を3反歩（約0・3ヘクタール）ほど切り倒しました。「手のまわる範囲で続けよう」と減反しました。「インターネット販売を始めて、お客は右肩上がりで増えていた矢先の原発事故でした。風評被害でどうしてもお客は戻りません」と嘆きます。

リンゴの成育状況を確かめる橋本光子さん

橋本さんは、モモを完熟させて客に直接出荷してきました。「コクがあり、甘みが濃い。贈答用として喜ばれてきました。それが原発事故で半分に減りました。その分農協への一括出荷が増えました。そのために東京の市場にでるのが1日遅れる。遅れただけ品質が落ちて安くなるのです」。

橋本さん宅では、二十数年前から屋根にソーラーパネルを取り付けて自家発電をしてきました。大震災のときに1週間停電しましたが自家発電で復旧。「隣近所の人たちが携帯電話の『充電のために使わせてほしい』とやってきました」といいます。こうした体験から「原発ゼロにしないといけない」という考えが強まりました。

空いている土地を活用し、ソーラーパネルによる太陽光発電所を作れないかと考えました。福島県北農民連が伊達市霊山町に太陽光発電所を設置したことに触発されて、橋本さんは、果樹生産を続けながら、原発に依存しないで再生可能な自然エネルギーの発電に貢献できればと考えています。

■生業訴訟の原告

原発の再稼働や海外輸出の安倍内閣の暴走に、「福島で暮らしてみたら、どんなに安全と安心が脅かされているかが実感できます。暮らしていないから『(原発は) コントロールされている』などと言える。日本の代表にふさわしくない」と批判します。

国と東京電力に原状回復を求めた生業訴訟の原告に「真っ先に加わりました」。

橋本さんは言います。「元に戻させるためには、国にも責任を取ってもらわないとだめです。孫たちが安心して生活できるためには、原発事故が起きる前に原状回復させるのが大切なのです。

原発事故の人災に苦しめられ、その上消費税増税で窮地に追い込まれます。消費税増税は絶対に反対です」。

（2013年10月21日付）

南相馬で〝農業踏ん張る〟

米を初めて試験栽培　杉　和昌さん
新規就農2年目　横山　真二さん

東京電力福島第1原発事故による放射能被害を受け、福島県の耕作放棄地の増大に拍車がかかりかねない状況です。そのなかで、南相馬市内の農家が試験栽培した稲を収穫、困難を乗り越え踏ん張る決意を新たにしました。

試験栽培した稲を刈り取る杉和昌さん＝南相馬市

■とにかく除染を

台風26号が近づく2日前の10月14日、同市原町《はらまち》区片倉《かたくら》で稲を刈り取る軽快なコンバインの音が響きました。第1原発から直線距離で約21キロの場所。全市的に米を作付制限したなかでの試験栽培ながら、3年ぶりの収穫です。

運転していた杉和昌《すぎかずまさ》さん（51歳）は、「農事組合長ということもあって今年は試験栽培に取り組んだ。放射能が検出されなけれ

会社勤めをやめて新規就農した横山真二さん＝南相馬市

ばいいが」と淡々としたなかにも笑顔を見せました。

杉さんは原発事故前、成牛30頭、育成牛25頭を飼い、2・1ヘクタールの水田を耕作する農家でした。事故発生後、一家7人で新潟県へ避難。住むアパートを決め、3日後には杉さん1人が戻ってきました。牛を処分し、新しく成牛16頭、育成牛9頭で再出発。その間、父母が帰ってきたものの、妻と3人の子どもは避難したままです。

「周りには休業した人もいるが、私は農業一筋だから。牛を飼ってないと次のステップにいかないのかなと続けてきた」と言う杉さん。「とにかく除染をきちんとしないと、帰ってくる人もこれない。早く元のようにしてほしい」と語ります。

■苦労気にならず

一方、会社勤めをやめて新規就農した横山真二《よこやましんじ》さん（46歳）は、2年目を迎えました。「仙台まで通勤していたが、仕事が意にそわなかった。原発事故でいやな思いをして、反発もありました。地元で何かつくれるもの、とくに人間にとって根源的な『食』にたずさわりたいと考えたのがきっかけ」と言います。

同市原町区の妻の実家で農業研修し、今年から畑50アールを借りました。「望んで農業を始めたので、苦労も気にならない」。作物はネギ4、カボチャ1の割合。「ネギは奥が深い。妻の父親がネギづくりで地域の信頼を得ていた。そう言われるようになりたい」と語ります。耕作面積を拡大していく計画を立て、着実に進み始めました。

◇農林水産省資料によると、日本の耕作放棄地は調査した1980年から年々増え続け、2010年には40万ヘクタール（滋賀県とほぼ同じ面積）となりました。

福島県の耕作放棄地面積は全国トップクラスです。県の調べで2万2394ヘクタール（2010年）。南相馬市は699ヘクタールと他自治体と比べて多い方ではありませんが、大震災後のデータがある耕地面積を比べると2010年8400ヘクタールから津波被害などのため2011年6100ヘクタールへと2300ヘクタール（27・4％）も減りました。

（2013年10月23日付）

避難者の孤立死防ぎたい

双葉町仮設住宅自治会長　小川　貴永さん

「避難者の孤立死を防がないとだめです。すでに5人も亡くなっています」。小川貴永《おがわたかひさ》さん（43歳）は、福島県郡山市にある「双葉町富田若宮前仮設住宅」の自治会長です。双葉町民57世帯109人が避難生活をしています。

■10日間発見できず

故郷へ帰れないまま5人が避難先で亡くなりました。30代、50代、60代各1人と70代2人。「30代の男性は10日間発見できませんでした。朝は見回りをしていますが、夜間や休日などの対応策を検討しなければ」。

狭い部屋。睡眠不足、運動不足などからストレスが健康をむしばんでいます。30代の男性は急性心不全でした。肺気腫も起きていました。多くが心疾患で亡くなっています。

小川さんが自治会長として心がけていることは、「みんなの完全賠償が一日も早く解決すること、新たな出発が可能になるまで健康で長生きしてもらうこと」です。「何の償いも受けないままに命を奪われていく。こんな不幸なことはない」と感じるからです。

10年前に東京からUターンして、果樹栽培をしてきた小川さん。あの「3・11」は、東京電力福島第1原発から2・8キロの自宅近くに農家レストランを夏までにオープンさせるため、外壁工事をしていました。「尋常ではない激しい揺れでした」。地面に亀裂が走り、黒い水が噴き出てくる液状化が起きました。

海からたったの200メートル。逃げる後ろから迫り来る津波。「間一髪で逃げ切りました。すぐに妻と祖母がいた浪江町の実家まで車を走らせました」。

浪江町で家族の安否を確認。双葉町に戻って救援活動に加わり、役場に泊まり込みました。

役場の窓には放射線量計がおかれ、12日の夜が明けると防護服が配られだしました。朝7時すぎでした。「30分後にベント（排気）する。10キロは離れてください。行け！」。町長（当時）の指示はそれだけでした。

■賠償を求め提訴

1町6反の土地を開墾し、クリ、柿、梅を育て収穫できるようになったときでした。「10年間の努力が1日でダメにされた」と悔しがります。さらに、養蜂も手がけ、蜂蜜を生産販売。東京の大手デパートで取り扱うブランド品として流通していました。「ハチも死にました。全滅です」

人生丸ごと奪われた損害なのに、東京電力の賠償は一部だけ。「加害者が賠償額を決めるのは本末転倒」と双葉町、広野《ひろの》町、楢葉《ならは》町、南相馬市などの避難者38人と総額約19億4000万円の損害賠償を求めて提訴した福島原発避難者訴訟に加わりました。

「原発事故の様相は、『収束』どころか手の施しようもない事態が次々と起きている」と感じています。

「放射線量が低いから海に流していいという発想が狂っています。漁師だけの問題ではなく、土地や空気など一次産業全体の問題です」と小川さん。「避難者の人たちは高齢者が多い。生きているうちの賠償でなければダメです」と早期全面解決を訴えます。

（2013年10月28日付）

ポスターでアピールを準備していた小川貴永さん＝富田若宮前仮設住宅で

600年の寺、再興阻まれ

原発避難者訴訟原告団長　早川　篤雄さん

「政府は『復興』『復興』と声高にいいます。それは『復興神話』にすぎず、だまされてはいけない」

福島県楢葉町から、いわき市に避難している浄土宗宝鏡寺《ほうきょうじ》住職の早川篤雄《はやかわとくお》さん（74歳）は、国の復興策を厳しく批判します。「被災県民の暮らしがよくなってこそ復興といえます。暮らしは悪くなるばかりです」。

■胸中には悔しさ

早川さんがいる寺は第1原発から南に15キロのところ。2011年3月11日、大震災が起きたとき「原発はどうなっているのか？　大丈夫なはずがない」と、不安がよぎりました。町の広報無線からは原発に関する情報は流れません。一夜が明け、「全町民は避難しなさい」との指示が突然、出ました。「やっぱりだめだった。頭は真っ白になった」と、そのときを振り返ります。

原発問題福島県連絡会代表の早川さんらは、福島県双葉郡の沿岸部に原子力発電所建設が持ち上がった当初から、今回のような事故がおきる危険性を指摘して建設反対を訴えてきました。「やっぱり」と発した胸中には、万感の悔しさが込められていました。

1972年、原発・火発反対福島県連絡会を結成。その後、75年に東京電力福島第2原発の設置許可の取り消しを求めた「原発訴訟」を地元住民404人と起こしましたが、92年、最高裁は訴えを棄却。敗訴が確定して20年になります。

政府も、東電も、裁判所も「原告らの訴える原発の不安や危険性の主張は、危惧、懸念の範《はん》疇《ちゅう》に属する」と真剣に聞かなかったのです。

■先の人のために

早川さんたちは屈しませんでした。

「本当の復興までたたかう」と語る早川篤雄さん

2012年12月、福島原発避難者訴訟を福島地裁いわき支部に提訴。今年10月2日、第1回口頭弁論が開かれ、早川さんが陳述しました。

「1395年開山、600年来鎮座してきたご本尊と8体の仏像もアパートの押し入れに避難しています。この間、お檀家の中で25人の方がなくなりましたが、お葬式もできず納骨もできない方が6人おります」と、原発事故で古里を奪われた過酷な避難生活の実態を告発しました。

障害者施設を運営する早川さんは原発事故で3月12日、14人の障害者たちと一緒に避難しました。94人いた障害者は、てんでんばらばらになりました。

そのうち5人が亡くなりました。「原発事故に絶望して自ら命を絶った人や、一家無理心中した家族もあります。亡くなった命はかえらない。この人たちの復興は永遠に閉ざされたのです」。

600年の歴史を持つ寺も再興させる展望は、原発事故の放射能汚染で阻まれています。「子どもや孫は戻ってこない。孫は家を継ぐ予定でいるが、戻って継ぐようには私は言えません」。住職としての深い苦悩がにじみます。

「未来が見えず暗中模索。手探りで生きてきた2年8カ月」だったと早川さん。「100年先、200年先の人たちのために、残る人生をたたかい続ける覚悟です。本当の意味での復興まで、訴え続けます」。


（2013年11月5日付）

国見あんぽ柿も打撃

原発事故損害賠償を求める　秦　二三男さん

「オール国見《くにみ》でたたかっていく」というのは、東電原発事故損害賠償を求める（福島県）国見の会代表世話人の秦二三男《はたふみお》さん（58歳）です。

国と東京電力に原状回復と損害賠償を求める「生業《なりわい》を返せ、地域を返せ！」福島原発訴訟の原告団の一員として福島県伊達郡国見町の原告20人を束ねています。「次の口頭弁論までには10

0人の原告団にしたい」と言います。

当初は、「原発なくせ、賠償させる会福島県北の会」として東電に直接請求をしてきました。

■賠償に応じず訴訟

東電と交渉をくりかえしても損害賠償に応じず、訴訟に踏み切りました。

秦さんは、3反の田んぼを耕しながら清掃工場で働く兼業農家です。国見町は、福島県の最北端に位置し、北は宮城県白石市に接し、信達《しんたつ》盆地の肥沃な土地に恵まれ、県下有数の種場として良質の種もみを生産しています。

収穫の終わった田んぼを見る秦二三男さん

「国見のコシヒカリは新潟県魚沼産にも劣らない風味と食味を持ち、福島県産のブランド維持の一翼を担っている」と胸を張る秦さん。「放射能で汚された土壌は、どんなことをしてでも原状に戻させる」と、意気込みます。

国見町は、紀元前3世紀ごろから稲作が始まったことを示す光明寺《こうみようじ》の山田遺跡や石母田《いしもだ》の割田《わった》遺跡などがあります。一袋30キロの国見産のコシヒカリは、8000円だったのが5000円から6000円と下落しています。独自に開拓した販売ルートの消費者からは、購入を断られるようになりました。

放射能汚染は米だけではありません。国見町の特産品のモモ、リンゴ、柿など果樹類も風評被害で打撃を負いました。あんぽ柿は、2011年、12年と2年連続生産自粛となり、今年は放射性物質検査で基準を下回った伊達市、桑折《こおりまち》町、国見町の一部を加工再開モデル地区に限定して生産を再開しました。

母親と2人暮らしの秦さん。東日本大震災が発生したときは勤務中でした。交代勤務で夜8時まで職場を離れることができませんでした。自宅にたどり着くと母親はいません。避難先を探すと近所の人と一緒にいて無事でした。「87歳になる母の安全を守りたい」。

その母親が畑で作っていた野菜が、放射能汚染で食べられなくなりました。生きがいをなくした母親は、一気に老け込み、認知症が見られるようになりました。

「一度原発事故が起きたなら、避難したくてもできない人がいる。家庭の事情があり、置き去りにされる弱者がいる。国はそうした人たちに何をしなければならないのかを考えていない」

■地域の核となり

国見町の人口は1万人を切りました。「土地は汚されたままです。原発を推進した国も東電もなにも責任を取っていません」。

町内会の副会長を務める秦さんは「地域の核となり、地域再生の突破口を裁判勝利で開きたいです」と話します。「再稼働反対、原発輸出反対です。原発事故の真実が明らかにできなくなる秘密保護法は廃案にしないとダメです」。

（2013年11月18日付）

「首相の暴言を封じる」

福島金曜行動に毎回参加　阿部　裕司さん

毎週金曜日に福島市内で行われている原発ゼロをめざす金曜行動に、毎回参加している人がいます。阿部《あべ》裕司《ゆうじ》さん（44歳、福島市在住）。「再稼働反対」「原発ゼロへ」「電気は足りている」――短い言葉でアピールするシュプレヒコール。人前での表現は初体験でした。

金曜行動でアピールする阿部裕司さん＝福島市

■避難容易でない

「福島市内も避難しなくていいのだろうか」と、悩んだこともありました。しかし、年老いた母親と2人暮らしの阿部さんにとって、県外避難は容易ではありません。「原発をゼロにするほか、方法はないのではないか。福島の地元でアピールする意味は大きい。汚染水は『完全にブロックされている』などという安倍首相のとんでもない暴言を封じるためにも、金曜行動を続けたい」と決意しています。

「原発は安全だと聞かされていました」。阿部さんは、漠然と原発建設に賛成していました。Ｊビレッジスタジアムで開催される、東電女子サッカー部「マリーゼ」の応援に通いました。「当時は鮫島彩《さめしまあや》選手や丸山《まるやま》桂里奈《かりな》選手が所属していて、毎回、見にいっていました」。

「安全神話」を信じる気持ちが一変したのは、２０１１年3月11日以降です。20キロ圏内住民の避難が始まりました。当時、福島市内でも毎時20マイクロシーベルトを超える放射線量の測定値が観測された地点もあり、「福島市内も危ないのではないか」と思ったと言います。「自主避難したくてもできなかった。当時は父親も元気で、両親を伴っての避難は無理でした。一人で逃げるわけにはいかなかった」。

震災当日は、正社員として働きたいとキャリアアップハローワークで求職中でした。

「グラッときて、ビルごと崩れ、死ぬんじゃないかと思いました。天井が落ちてきて、職員は机の下にもぐりこんでいました。自宅に戻って両親の無事を確認しました」と2年8カ月前を振り返ります。

停電は免れたものの水道は止まり断水になりました。給水車からの水確保がしばらく続きました。テレビでの原発事故についての報道は楽観できるものではありませんでした。

■友人に誘われて

避難を模索しているときにインターネットで福島金曜行動を知り、マリーゼ観戦で知り合った友人に誘われて参加するようになりました。

原発事故にかんする情報が隠される秘密保護法の成立に危機感を持つ阿部さんは言います。

「絶対に通してはなりません。現在でも福島県民は東電のウソの情報で混乱させられてきました。信用できない。真実の情報があって安全・安心は確保できると思います」

（２０１３年11月23日付）

貫いた原発建設反対

相馬双葉漁業協同組合請戸ホッキ会会長　志賀　勝明さん

「（汚染水は）『完全にブロックされている』などとふざけたことを言ってほしくない」と強く抗議するのは、福島県の相馬双葉漁業協同組合請戸《うけど》ホッキ会会長の志賀勝明《しがかつあき》さん（65歳）です。

安倍首相の国際オリンピック委員会での発言について、志賀さんは許せないのです。「悔しいです。ホッキ貝の漁を１９８０年から30年以上やってきました。『完全にブロックされている』のならば、なぜ漁が再開できないのですか！　俺らの生活はどうなるのか」と怒ります。

■村八分にも

南相馬市小高《おだか》区の海岸付近の村上《むらかみ》で生まれました。家は代々の半農半漁。高校卒業後、家業を継ぎました。約２町歩の田んぼを耕す傍ら、「農業はだめになる」と、30代から漁業に比重を置

「一度でいい、福島に来て確かめてほしい」と呼びかける志賀勝明さん

いてきました。

魚が遊泳・通過する場所に網を張り漁獲する刺し網漁でカレイやヒラメをとってきました。刺し網漁は資材の網代などがかさみ、利益が低いためホッキ貝の漁に転換しました。

73年、25歳のときでした。東電福島第2原発の建設計画が持ち上がりました。同年9月、建設の是非を問う公聴会が福島市で開かれました。志賀さんはこのとき、反対の立場で意見陳述をしました。

漁業関係者のほとんどが「建設賛成」の立場に立っていたため、大変な風あたりとなりました。〝村八分〟にあいました。「漁師仲間からは話をしてもらえない。『沖にいっても助けてあげないぞ』と脅され」ました。

福島第2原発建設差し止め訴訟の原告団にも加わりました。すると浪江町請戸漁協青壮年部を除名されてしまいました。

「海でも自分の身は自分で守るしかない」と、潤滑油、燃料、冷却水をしっかり点検して漁にでるようにしました。

■少数意見を排除しないで

そうした厳しい状況にあっても、地域の人たちからの信頼は厚かったのです。75年、27歳のときには旧小高町の連合青年団の団長になりました。

東北電力が68年に発表した「浪江・小高原発」建設をなんとしても阻止しようと、青年団が中心となって日本科学者会議の専門家を呼んで講演会を開きました。青年団が主催して開いた原発問題学習会は、誘致賛成も反対も忌憚《きたん》なく出し合い、少数意見を排除しないで決めてきたことがよかったと当時の経験を語ります。

「浪江・小高原発」建設計画は2013年3月、南相馬市議会や浪江町議会など関係自治体が反対を決めて断念させました。

「原発に頼るエネルギー政策は、福島原発事故で失敗だったことが明白になったのです。反省もしないで再稼働させようとする。輸出までする。許せない。（安倍首相は）謝罪してほしい。怒りがおさまりません」

区長会を中心に完全賠償を求めてたたかい続けています。

（2013年11月24日付）

原発も戦争も生活壊す

福島原発訴訟の原告　金丸　道子さん、弟の親正さん

福島県相馬市に住む金丸道子《かなまるみちこ》さん（84歳）と金丸親正《ちかまさ》さん（77歳）は、「生業を返せ、地域を返せ！」福島原発訴訟の原告です。ともに戦争体験者。キリスト教信者でもある姉の道子さんは、

「みんなが平穏に幸せにくらしてほしい。戦争も原発も平和な暮らしを壊すだけです」との思いで裁判に加わりました。

■中国で終戦迎え

道子さんは戦争が終わったとき16歳、弟の親正さんは9歳でした。歯科医師だった父親は、戦前、中国に渡り、遼寧省《りようねい》営口《えいこう》市で開業していたものの、50歳ごろに病気で亡くなりました。その後は、現地の日本のマグネシウム工場で兄が働き、暮らしを支えました。女学校を卒業した道子さんも「事務員として働いていた」といいます。

終戦の8月15日は、営口でむかえました。ソ連軍が侵攻してきて「8月29日午後5時までに営口を出るように。残っていたら銃殺する」と命じられました。着の身着のまま大石橋《だいせききよう》市から「鉄の都」といわれる鞍山《あんざん》市に。「大石橋では床下に隠してもらったりしました。市街戦もあり略奪がありました。よく生きていたと思います」と言います。中国人が着る服を買い、現地の人になりすまして逃避行をしました。

ソ連軍が営口と大連の二つの港を利用することを拒否したことから、葫蘆島《ころとう》が唯一の引き揚げ港となりました。港は水深が深く不凍港。大型船舶が停泊できました。

葫蘆島からの第1陣には2489人乗船し帰国したといわれています。毎日7隻の帰還船が1946年から数年間は博多港へ向かい、48年9月の最終帰還船までに約100万人が帰りました。

「乗ったのは貨物船でした。女と子どもは後回しにされた。配られたおにぎりはおいしかった」

と、道子さんは回想します。親正さんは「みそ汁にはウジが浮いていた」とも証言します。博多にたどり着いた金丸さん一家は、46年8月29日、姉が結婚してくらしていた相馬市に帰還し、この町に定住しました。

■永く平和願って

道子さんはいいます。「あれから60年余、母を送り、姉を送り84歳になりました。『9条の会』に入り、戦争を再びおこさないために生きてきました。そんなときに思いがけずに原発事故の被災地に生きることになりました。これからの長い年月を思うとき、永く平和で幸福でありたいと願っています」。

原告団の証言集を見せる金丸さん姉弟

親正さんは「戦争は決して許してはならない」と述べた上で、「原発は廃止して再稼働など絶対やめるべきだと腹の底から思います。輸出するなど常軌を逸しています」と、国の原発優先のエネルギー政策に抗議します。

「『福島県から嫁をもらうな』と言われて悲しい思いをした福島の女性はたくさんいます。子どもや孫たちのためにも、相馬市が安心安全の街であることを立証するためにも、国と東電に原状回復させます」

（2013年11月25日付）

原発事故の証言集完成

元NHKディレクター　根本　仁さん

福島市に住む根本仁《ねもとひとし》さん（65歳）は、東京電力福島第1原発事故が起きたときに「今度こそ原発をとめなければならない」という強い決意をしました。

根本さんは、1971年、大学を卒業してNHKに入りました。最初に赴任したのが長崎県の佐世保放送局でした。7年間の長崎での取材活動で知ったことは、「いまだ人類は核をコントロールできない」という事実でした。

長崎に投下されたプルトニウム型原爆は何万という死者を出し、生き残った人々や被爆2世たちも放射能の後遺症に苦しんできました。そうした姿を見続けてきて「核は人間社会とあいいれない」と確信しました。

■原発訴訟参加

その思いは、福島原発事故でいっそう強くなりました。

国と東京電力に原状回復と慰謝料を求める「生業を返せ、地域を返せ！」福島原発訴訟に加わりました。

原告として引き受けた役割は、証言集づくりでした。長崎での取り組みを生かしたいと考えました。『長崎の証言』が１９６８年に発刊されました。それから10年後に『季刊　長崎の証言』が発行されました。第２次証言運動のスタートでした。根本さんは、「転勤ごとにこの冊子を大切に持ち歩き保存」していました。

■「秘密法」阻止

毎日福島駅東口に立って秘密保護法反対を訴える根本仁さん

原告団と弁護団との合同会議で、証言集づくりを提案。承認されました。今年10月に証言第1集『わが子へ、そして未来の日本の子どもたちへ～私たちが今、伝えておきたいこと』が完成しました。

根本さんは、福島県二本松市に生まれました。２００５年６月にＮＨＫを定年退職するまで、ディレクターとしてドラマ、ドキュメンタリー、歌番組、ラジオ番組と多数の作品を手がけてきました。

退職後の終《つい》の住み家を、生まれ故郷で実母が住む福島に決めました。

「百姓が父方の生業でした。福島人は百姓をはじめ慎重で用心深い。たびたび冷害に苦しめられ、飢えと身売りの歴史を見てきました。だから用心深い。そうした県民が裁判を起こした。事実を引き出して、それをテコにして能動的に働きかけて原状回復させていく必要がある」と言います。

「原発事故についてはたくさんの事実が隠されている」と見る根本さん。「裁判を通して重要な事実を引き出していかなければならない」と考えています。「真相を究明する課題はまだたくさんある。重要な事実が隠されてしまう秘密保護法は絶対に阻止しなければいけない」と腹をすえて反対運動に参加しています。

（2013年12月1日付）

営業再開を目指して

ラーメン店店主　高木　光雄さん

「サケの遡上《そじょう》する小高で暮らしたい」。東京電力福島第1原発事故から2年9カ月、福島県南相馬市で避難生活を送る高木光雄《たかぎみつお》さん（70歳）は、望郷の思いでいっぱいです。

■親しまれた店

小高川には水しぶきをあげながら遡上するサケが見られました。終の住み家と思っていた同市小高区に戻って生活することはできません。避難指示解除準備区域で、日中の立ち入りは認められているものの宿泊はできないからです。

高木さんは「ぴかぴかラーメン」として親しまれてきたラーメン店の店主。「お客さんに喜んで食べてもらう」ことが生きがいでした。

おいしいラーメンを作る秘訣《ひけつ》は「まごころだ」といいます。深夜にスープを仕込み、朝6時には客に出せるように準備します。ネギは硬くならないように、地産地消で南相馬市の農家から仕入れていました。コクがあってさっぱり系の「東京豚骨ラーメン」を作って10年以上になります。

会社勤めや飲食店を営んできた経験のある高木さんがラーメン店をやることになったのは、友人から「経営を引き継いでほしい」と頼まれたことからです。順調に売り上げを伸ばして、3年で借金を返済しました。

「これからだ」。そんな矢先に東日本大震災に遭遇。海から3キロにあった自宅と店は海水につかりました。

「周りの人たちが良くならないと復興はすすまない」と語る高木光雄さん

3月11日は一晩、車中で過ごしました。翌日、中学校体育館へ避難。13日夕方、「原発が爆発した」と聞き、車に飛び乗り、新潟方面へ。その後は会津若松市、宮城県、埼玉県と転々とした後、南相馬市原町の借り上げ住宅に移りました。
震災ボランティアの支援で店はきれいになったものの、営業再開は住民が戻らないと無理です。原状回復と損害賠償を求める「生業を返せ、地域を返せ！」福島原発訴訟に加わりました。

「津波被害だけだったらラーメン店の再開は可能でした。しかし、原発事故によって放射能汚染された営業圏全体の地域再生が進まなければ店の再開は不可能なんです。東京に住む息子や孫たちは福島に遊びに来ません」と、悲しみを語ります。

■多くを奪った

賠償に対する東電の姿勢は「横暴だ」と感じていた高木さん。「加害者なのに賠償の線引きを勝手にしています。被害者の請求の7、8割程度しか賠償しません」と批判。第3回口頭弁論で原告として意見陳述をしました。

「南相馬産の野菜や魚は食べられなくなりました。タケノコや山菜を近所の人からもらったり、採りにいったりできなくなりました。国と東電は奪ったものの大きさを自覚し、きっちりと責任をとってもらいたい」

第3回口頭弁論で福島地裁の潮見直之裁判長は、震災前に地震や津波が原発に与える影響を試算した資料全てを開示するように命じました。

「秘密保護法が成立していたなら、機密扱いで法廷にも出されなかったと思います。都合の悪いものは覆い隠す同法は、絶対反対です」

（2013年12月2日付）

秘密保護法は原発も隠す

南相馬市で金曜行動　川口　良市さん

川口良市《かわぐちりよういち》さん（75歳）は戦争が終わったとき「絶対に勝つと言っていたのになぜなの」と、大本営発表を信じてきたことへの疑問がわきました。

生まれ育ったのは山梨県。結婚して妻・豊子《とよこ》さん（72歳）の実家がある福島県南相馬市に住むようになりました。

祖母は「軍国ばあちゃん」でした。子どものころ、毎日、富士山に向かって戦争に勝つようにお祈りさせられました。「おとなになってわかったことはウソばっかりだったことです」。

■「原発はゼロに」

原発事故についても同じでした。公民館の管理人をしていた豊子さんは、婦人会が主催する東京電力福島第1原発の見学会に同行することが、たびたびありました。川口さんは言います。「帰ってくると東電で聞いた話をしてくれました。いかに安全かという話でした。それを聞き、知らず知らずに安全神話にどっぷりつかっていた」と……。

原発事故は、一瞬にして安全神話の虚構を打ち砕きました。

大津波は、いとこ夫婦をのみこみました。必死で行方不明のいとこの安否を確認するために、

仮装して宣伝行動に参加した川口良市さん（左）＝南相馬市

奔走しました。

捜索の途中でした。原発事故など念頭になかった川口さんの携帯に、娘からメールが入りました。「大至急身の回りの品をまとめて避難の準備をしてください」。

豊子さんは言いました。「安否の確認も無く随分とぶっきらぼうなご命令だこと」。

さらに、娘の中学生の長男が「おじいちゃ～ん！ 原発が爆発したんだぞ。避難だ。避難だ」と転げ込むように玄関に駆け込んできました。

半信半疑のまま、2台の車に分乗して吹雪の会津を経由して新潟県阿賀野《あがの》市の「五頭《ごず》連峰少年自然の家」に避難することができました。

豊子さんは、突発性拡張型心筋症のために特定疾患医療を受けていました。南相馬市の医療指定病院が再開されたことを契機に帰宅しました。避難開始から50日間すぎていました。いとこの死亡を知ったのは5月5日、南相馬市に戻ってからでした。

「わが国はもちろん全世界の原発政策を転換させ、原発を廃炉にする。原発ゼロにすることが人類の知恵です。そのことを胸に刻みました」と話す川口さん。同市原町区図書館前で原発ゼロを目指して金曜行動に取り組んでいます。

■仮装しアピール

川口さんの金曜行動は仮装でのアピールです。「熱が入っています」という川口さん。美容師をたのんで3時間かけてメークアップして出かけます。

図書館前周辺には、原発作業員用のビジネスホテルがあります。作業が終わった労働者は「俺たちの仕事がなくなる」と話しかけてきます。

「廃炉まで皆さんの技術は必要です。危険手当はきっちりもらっていますか。安全確保の問題も含めて、作業員の命と健康を守ることでも一緒に要求していきます」と対話して訴えています。

「戦争と原発は人類をほろぼす」。金曜行動で掲げている横断幕のスローガンです。

「秘密保護法は大本営発表だけを押し付ける戦前と同じになります。原発の安全をめぐっても秘密にされて隠されてしまいます。原発ゼロのたたかいと一つです」（2013年12月11日付）

青年期の経験、今に生かし

略農家　佐々木　健三さん

「全世界で、ここ福島の実践は大きな役割を果たすものです。世界の最前線に立って原発ゼロをめざす。住みやすい郷土をつくります」

福島市で酪農を営む佐々木《ささき》健三《けんぞう》さん（72歳）は、東京電力福島第1原発事故直後から、「極限状況に置かれている深刻な事態を打開しよう」と活動してきました。

■1日400キロ廃棄

事故直後は、牛乳を1日400キロも廃棄処分しました。廃棄作業は50日間続きました。牧草の確保のために、農民運動北海道連合会の支援を得ました。

大震災・原発事故の被災者救援のため、いち早く全国に呼びかけ、野菜やコメなどの食料品の支援に全力を注いだのが佐々木さんらの所属する農民運動全国連合会（農民連）でした。佐々木さんは、2001年から07年まで農民連の会長を務めました。

佐々木さんは、1959年に福島県の農業高校を卒業しました。18歳でした。「近くの酪農家から4カ月の子牛を1頭購入したのが酪農人生の始まり」でした。原発事故はそうして始めた苦労を一瞬で台無しにしたのです。

賠償を求めて何度も上京。ムシロ旗を立てて、「平成の農民一揆」と言われる東電との直接交渉を重ねてきました。

酪農の仲間から希望を見失い自殺する人が出ました。そんななかで、「生業を返せ、地域を返せ！」福島原発訴訟の原告として、自然豊かな郷土を取り戻すために国と東京電力に原状回復と完全賠償を求めてたたかっています。

佐々木さんの住む福島市西部地域は吾妻連峰のふもとに位置しています。周辺には、浪江町や双葉町からの避難者が暮らす仮設住宅があります。佐々木さんは、妻の智子《ともこ》さんと仮設住宅を訪問して農作物などの支援物資を届けています。

■60～70代挑む

「活動の源泉は青年期にありました」と語る佐々木さん。

「私たちは戦争が終わったあと、新しい青年運動を模索していました」

「このまま貧しい農民で終わっていいのか」「幸せって何だ」「生きるって何だ」――と当時いっしょになってもがいてきた60代から70代の人たちが、国と東電にたたかいを挑んでいる、と言います。

乳牛の世話をする佐々木健三さん＝福島市

　佐々木さんたちの青春時代には、うたごえ運動、青年団の民主化運動、都市の労働者と農村青年の交流の場となった「五色のつどい」のとりくみ、松川事件、安保闘争、原水爆をなくす運動……。大きなうねりの中で社会問題と農業について学習し、社会運動にかかわってきた歴史がありました。佐々木さんは「原点に返ろう。あのときの体験は今も生きていて、国と東電とのたたかいに立ち向かう原動力となっている」と言います。

　このたたかいの経験と教訓は、佐々木さんが中心となって編集した『回想と展望：青年団から農民運動へ』（発刊する会）としてこのほど出版されました。

即時原発ゼロを願う佐々木さん。地域に太陽光発電所を建設する構想を持っています。「原状回復、完全賠償を実現させるたたかいと、自然エネルギーへ転換させるたたかいとの両輪でとりくみます」


（２０１３年12月16日付）

自然と暮らし取り戻す

いわき市民訴訟原告　長谷部　郁子さん

「元の生活をかえせ・原発事故被害いわき市民訴訟」原告の長谷部郁子《はせべいくこ》さん（80歳）は、11月21日、福島地裁いわき支部で行われた第２回口頭弁論で「生きているうちに、以前のように豊かな地域になったいわき市を見たい」と訴えました。

長谷部さんは広島と福島と２度の被ばくに「原爆とも原発とも私はともには暮らせない」と泣いていた、いわき市在住の広島の被ばく２世の女性のことを紹介。この女性は福島の明日に希望をなくし、自ら命を絶ったと陳述しました。

東京都世田谷区出身の長谷部さんは、大学で心理学を学びました。調査官として、いわき市にある家庭裁判所に赴任。以後、38年間、福島家庭裁判所の調査官を務めました。

■苦い体験越えて

家裁調査官は、非行を犯した少年などの家庭や学校の環境、生い立ちなどを調査し、裁判官が適切な指導や処遇を考えるうえで参考になる報告書を作成します。この仕事を志したのは、戦前の小学5年生のときの苦い体験があったからでした。

転校生がいて、教師から「あの子には近づかないように」と言われていました。「不良だ」と思いました。そのことを人に話したことから、転校生から強い抗議を受けました。教師から言われたからとはいえ、思慮なく同級生にレッテルを貼って傷つけたことが深い後悔となりました。

「憲法13条（個人の尊重）の精神で生きてきた」という長谷部さん。人の行動と心の動きを科学的に研究する心理学を探求。それを生かして家裁調査官を生涯の仕事としたのです。

長谷部郁子さん

赴任したころのいわき市は「炭鉱と漁業の街」で暴力による支配が横行。子どもたちもすさんでいました。「少年のこころに寄り添い、言い分を良く聞く」ことに努めました。

東京電力福島第1原発が運転を開始したころの出来事です。原発関連の仕事をしていた少年が、覚醒剤をやくざから売りつけられていました。少年は、追突事故を起こして長谷部さんが担当しました。

「（原発は）危険な仕事なんじゃないの」と聞く

と、「もともとシンナーや覚醒剤で痛めつけているので、放射能を浴びても、それで死んだのかは分からない」と話していました。「若者を働かせるなど論外。職業安定法違反。違法がまかり通っていた。若い人の命さえも、闇から闇に覆い隠され、違法が堂々と行われていることに原発という産業に疑問を感じました」。

■表裏のたたかい

「3・11」の原発事故は、生命を脅かし、自由を奪い、幸せに暮らす権利をずたずたに壊しました。「子や孫たちに原発事故以前のいわき市の四季折々の豊かな自然と暮らしを取り戻し、それを手渡してから死にたい」と、訴訟に加わりました。

生きづらさに追いうちをかけた、秘密保護法の強行成立。「戦前の大本営発表だけを押し付けた社会に逆戻り」を感じています。

「原発事故の真実を知ろうとすると罰せられる。自分の命が危うくされている。原発ゼロと秘密保護法廃止の活動を表裏のたたかいとして頑張ります」

（2013年12月23日付）

廃炉は当然

ソフトボールクラブ監督　氏家　正良さん

福島県伊達《だて》郡桑折町《こおりまち》の「桑折壮年ソフトクラブ」の監督をする氏家正良《うじいえまさよし》さん（65歳）は、高校生時代、福島県立保原《ほばら》高校の野球部で活躍。1965年夏の甲子園に出場した経験を持ちます。

■子どもたちが健康被害

「子どもたちが健康で安心して住める環境を作りたい」と、「生業を返せ、地域を返せ！」福島原発訴訟に加わりました。原告団福島支部・桑折町世話人を務めています。

東京電力福島第1原発事故で、これまで使用してきた町営グラウンドが放射能で汚され使用できなくなったこともありました。「運動不足で、福島の子どもたちは肥満気味の統計結果さえでています」と、スポーツマンだったこともあって、原発事故が子どもたちに及ぼした健康被害には心を痛めています。

「子どもたちが安心して住める環境を作るために勝利したい」と話す氏家正良さん

日本通運（日通）を定年退職した氏家さん。退職後は、福島県北農民連の搬送業務のドライバーの仕事をしていました。

「桑折町の特産品のあんぽ柿、モモの『あかつき』、リンゴの『王林』など果樹は大打撃をうけました。農家の人たちのやり場のない怒り。悩みの深さ。土地を放射能で汚されたことによる落胆は痛いように分かります」と言います。

原発事故が起きたとき、氏家さんは家を新築しようとしていました。まだ、基礎工事中でした。放射線量を測ると毎時5マイクロシーベルト。「ローンは残るし、新築マイホームは放射能で汚されてしまったのです。ショックだった」と言う氏家さん。ストレスから高血圧症を発症し、降圧剤を飲む事態になりました。

■在職中から反対

日通で働いていたころから、福島に原発を建設することに反対してきた氏家さん。「原発立地地域の沿岸部の浜通りを配送するときには、避難するシミュレーションを策定しておくべきだ」と、職場仲間と話し合っていました。「もっと強く発信すればよかった」と、浜通りだけでなく中通り地域まで県全体が放射能の脅威にさらされたことに「悔しさがわく」といいます。

「桑折町で120人を超える原告を集めたい」。氏家さんの抱負です。第3回口頭弁論で福島地裁は、原発事故前に行った津波などのシミュレーション結果などの全ての資料の提出を東電などに求めました。しかし、東電は資料提出を拒否する極めて異例の裁判対応をしました。氏家さんは「秘密保護法の先取りとも思える」と指摘します。

「二度と原発事故は起こしてはならない。切に願っています。廃炉は当然ですが、安倍首相は見通しもなく遮二無二《しゃにむに》原発推進、再稼働を急ぎます。許せない。年明けの1月14日の第4回口頭弁論はヤマ場です。みんなで傍聴し原告者の拡大に力を尽くします」（2013年12月30日付）

３ 声を上げ続ける

国と東電、山も除染を

野菜農家　渡辺　栄さん

「国や東電は、山も含めて本当に除染をする気はあるのか。山もやれ！」。福島県伊達市霊山《りようぜん》町上小国《まちかみおぐに》でキュウリと春菊を栽培する渡辺栄《わたなべさかえ》さん（59歳）はこう怒ります。

東京電力福島第１原発事故で「福島産野菜が風評被害で安く買いたたかれている」ことに生産者としての誇りを傷つけられていると話します。

渡辺さんは、有機肥料で野菜作りをしてきました。２０１１年3月11日以前は、阿武隈《あぶくま》山系から採取する腐葉土が有機肥料の原料でした。山の恵みの腐葉土は、ミネラルたっぷりで、みずみずしく、やわらかく、甘みの深いキュウリを作り出しました。消費者からは「おいしい」と評判です。

「山も除染しろ」と言う渡辺栄さん

■減収400万円超す

「3・11」後に腐葉土の放射線量を簡易測定器で測ってみると5万ベクレルに達していました。「残念で悲しい」と、ショックでした。「土づくりの大本」を汚された怒りがこみ上げました。

渡辺さんが農業を継いだのは1971年でした。春夏期にはキュウリを栽培。秋冬期は春菊を栽培しました。春菊は、10月から翌年の3月までが出荷期。野菜の周年出荷を可能にして、野菜生産で生活できるようになりました。20年以上の努力で軌道に乗せた野菜農家の経営でした。それを台無しにした原発事故。

「2012年は被害が最悪で400万円以上の減収となりました」と渡辺さん。周辺の野菜生産農家仲間全体が放射能汚染に悩まされました。伊達市のキュウリの生産量は、須賀川《すかがわ》市に次いで福島県2位。約630戸の農家が6500トンを超える生産量を誇り、販売額は18億円以上になります。「産地丸ごと傷つけられた」。

風評被害は続いています。渡辺さんは言います。

「大手量販店の一部は、福島産の野菜を使いませんでした。私たちはハウス栽培、露地栽培の作型ごとに検査をしていますから安全・安心をしっかりと担保しています。賠償に頼った生産はやりがいも生きがいも奪います」

■原発ゼロは当然

有機栽培を守るために窒素肥料になる羊毛、骨粉、海水マグネシウム、北海道産のピートモス（ミズゴケなどの泥炭）などを買って野菜づくりを続けています。

ＪＡ伊達みらいのキュウリ生産部会の本部役員を務める渡辺さんは、風評被害を払拭するために全国を回って、「命がけで安全な野菜作りをしていることをアピールした」と言います。

「東京オリンピック実現で浮かれている場合ではない。福島の現実が忘れ去られたら復興置き去りです。いまだに除染は生活圏だけです。農道や山林は手付かず。絶対やらせる。原発ゼロは当然です。再稼働など論外です」

（２０１４年1月6日付）

欠かせない原状回復

モモ栽培農家　相原　豊治さん、京子さん夫妻

「元の自然豊かな土地と環境を取り戻し、バトンタッチしたい」。福島県伊達郡桑折町《こおりまち》でモモを栽培する相原豊治《あいはらとよじ》さん（69歳）と京子《きようこ》さん（65歳）夫妻の願いです。

東京電力福島第1原発から65キロ離れている桑折町。ここでも原発事故は、生産者の努力を台無しにし、相原さん家族の夢を奪いました。

長男は、会津地域で農業関係の仕事をしています。将来は実家で果樹栽培を担う予定でしたが、「当面は、現在の職を継続することになった」と相原さん夫妻は悔しさをにじませました。

相原さん夫妻

■1個500円が暴落

桑折町は高品質のモモを生産してきた地域です。相原さん夫妻が作るモモも、重量、形、着色、糖度、熟度など光センサーによる検査で、常に高得点を獲得してきました。

しかし、原発事故後にモモの価格は大暴落。「1個500円でも買ってもらうことができたモモが半値以下」になりました。以前は、品質を選別する共選所に、等級落ちして格安となった2級品、3級品を求める人の列が数百人になったこともありましたが、「事故後は大幅に減り、まったく並ぶ人がいない日もあった」と言います。

豊治さんのモモ作りの基本は、「おいしいもの、安全、安心なものを作るために必要なことは、一生懸命やろうじゃないか」です。

日当たりの良さが良質のモモを作ることから、収量を犠牲にして木と木の間隔をあけました。長年かけて土作りや農薬を減らすことにも取り組んできました。

■勝つには1200人の原告を

事故のあとは、木の表面から放射性物質が吸収されないよう全ての木を高圧洗浄機で水洗いし、出荷するモモは、放射線量の測定をして安全を確保しています。しかし「消費者からは『ゼロではないでしょう』と言われます。それがつらい」と心境を吐露します。

豊治さんと京子さんは「生業を返せ、地域を返せ！」福島原発訴訟に加わり、原告団福島支部・桑折町の世話人をしています。

京子さんは「国と東電を相手にしたたたかいです。当面、桑折町の原告数の目標は120人ですが、人口の1割の1200人は組織しないと勝てない」と力を込めます。

豊治さんが国に望むのは「農地の除染の方法を開発してほしい」ということです。土を反転させて除染する方法では、樹木の根を切断するため果樹園の除染には適しません。また、自身の健康被害も心配です。「国と東電に原状回復させるたたかいが重要だ」と強調します。

京子さんは言います。「私たちの苦しみを国も東電も知っているのでしょうか。再稼働など、とんでもないことです。原発はゼロにする。なくすべきです」。

（2014年1月20日付）

孫を思うと避難悩む

南相馬市　菅野　恒夫さん

福島県南相馬市原町《はらまち》区に住む菅野恒夫《かんのつねお》さん（65歳）の家は、東京電力福島第1原発から約21キロ離れています。「緊急時避難準備区域」ですが、約800メートルで20キロ圏内の「警戒区域」です。境目に位置し、「とどまっていてよいのか、避難すべきか悩んだ。孫がいるからね」と話します。

「この周辺地域10軒のうち、孫たちを避難させていないのは私のところを含めて3軒だけ。孫のいるところはみんな避難している」

■得意先失う不安

塗装・吹き付け工事の有限会社「原町美装」の取締役会長を務める菅野さん。小学校や幼稚園、公民館などの工事を請け負ってきました。「何十年も地域に密着し、地域の人たちの信頼で商売している以上、別の地域への移転は得意先を失いかねない」。健康被害の不安もありましたが、とどまることを選択しました。

「原発さえなければおもしゃくない（不愉快な思い）気持ちで暮らすことはなかった。万が一、孫が成長したときに健康被害が出たら悔やんでも悔やみきれない」

１日も早く原状回復してほしいことから「生業を返せ、地域を返せ！」福島原発訴訟に家族で加わりました。

菅野さんの祖父母は、南相馬市から北海道に開拓農民として移住。開墾して大豆や小麦を作りました。農業で生計を得るのは困難でした。菅野さんは中学を卒業すると塗装の仕事に就きました。「5年は見習いで下働き。5年がすぎて親方から『独立してよい』と許されて21歳のときに南相馬に戻って塗装業を始めた」。

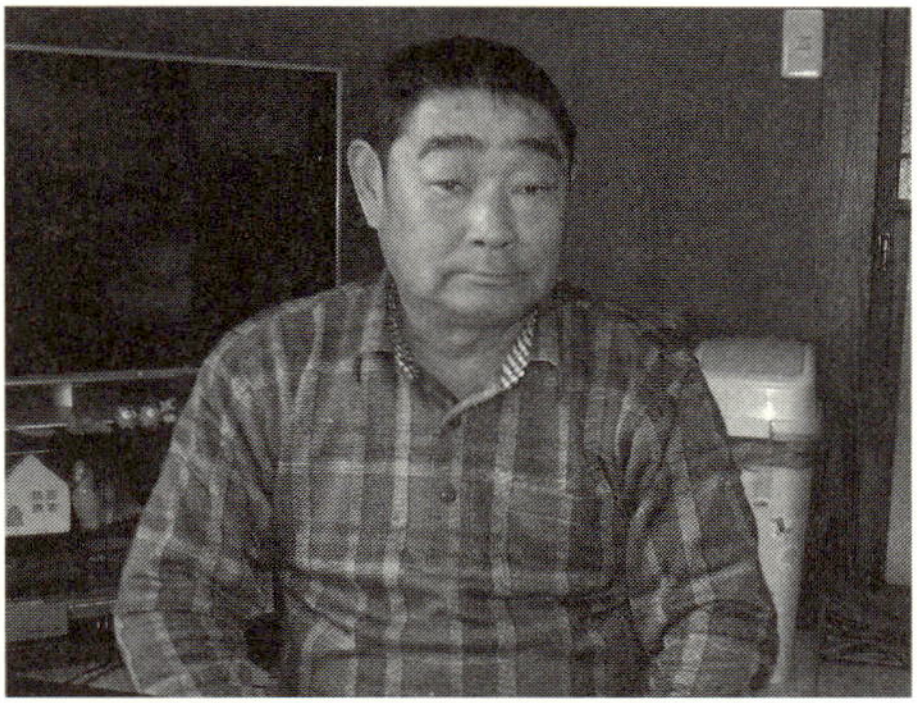
「孫のためにも廃炉に」と訴える菅野恒夫さん

アパートの塗装をしていたときに東日本大震災に遭遇しました。「北海道に住んでいたときにあった十勝沖地震（１９６８年5月）と比較にならないほど激しい揺れだったし、気分がわるくなるほど長く揺れた」とふりかえります。「思わず座り込んだ。あのときの恐怖は体に染み付いている」。

■原発全部廃炉に

長男夫婦と孫たちは仙台市に避難。菅野さん夫婦は愛知県岡崎市に避難しました。

１カ月ほどの県外での避難生活の後に、南相馬市に戻りました。仮設住宅ではなく自宅に戻った菅野さんたちのような被災者には、支援物資は届きません。食べ物にも不自由していたころ、日本共産党の荒木千恵子市議らの支援で困難を乗り越えることができました。

東電が福島第1原発をつくるときには、現場作業所のプレハブをつくりました。「『安全だ。安全だ』と言われ続けた。爆発するなどとは思いもよらないことだった」。

まもなく原発事故から3年になります。

「原発は全部廃炉にすべきだ」と考える菅野さん。「原発再稼働は、東京を含めた全国のエネルギー政策の大問題。太陽、風、波、水など自然エネルギーに変換すべきだ。心までズタズタにした放射能被害。孫の代まで引きずるわけにはいかない。われわれの代で終わりにしたい」。

（2014年1月23日付）

じいちゃんの役割

伊達市　大槻　善造さん

福島県伊達市保原町《ほばらまち》の大槻善造《おおつきぜんぞう》さん（78歳）は「戦争も原発もない社会を早く作らなければならない」と思っています。

戦争が終わった1945年8月15日、「やっぱり負けた」と思いました。

終戦直前に召集された父親は、本土決戦のための鳥島や八丈島など国内配備になりました。兵隊は、薬師様（城ノ内薬師堂）や保原高校に駐屯。「本土を守るだけになった」ことを子どもながらに感じていました。

「竹やりで突撃訓練をした。銃剣とラッパを盗んできて決戦に備えた」ころの少年の思い出。「5機編隊のB29の来襲。震えが止まらず『こんどこそ終わりだ』と覚悟した」と言います。

「勝っている」「勝っている」と国民を欺《あざむ》く大本営発表に翻弄された戦中の体験は、「秘密保護法は廃止させなければいけない」と、戦争をする国への逆戻りに反対しています。

■人気だった行商

「原発事故は人災です」と話す大槻善造さん

大槻さんは中学卒業後、石材業など土木建築を行う仕事に。親がやっていることを手伝いながら覚えました。27歳のときに独立し、「十数人ほど従業員を使っていた時期もあった」そうです。

零細の自営業の大槻さん。少ない年金を補わないと厳しい暮らしです。6年前から無人販売所を設置してモモや野菜を販売してきました。さらに、ワゴン車に仕入れたモモを積んで新地《しんち》町《まち》、相馬市松川浦《まつかわうら》などに行商に出て収入を得てきました。「20箱持ってきてほしい」などと大槻さんの行商販売は人気でした。

保原町は肥沃な土壌で福島県北の穀倉地帯。リンゴ、モモ、カキなど果樹栽培が盛んで、質の良いモモは「福島のモモ」の評価を全国に高めています。

■戦争ない社会を

東京電力福島第1原発事故は、モモの産地を直撃。販売ができなくなり、大槻さんのささやかな暮らしの支えを奪いました。「原発なくせ　完全賠償させる県北の会」に相談して損害賠償を請求。その結果、請求額に近い80万円を獲得しました。

好きだった海釣りも渓流釣りもできなくなり、4人のひ孫の健康も心配です。

「先がないのに原発問題を心配して生きていかなければならない気持ちを、わかっかい」と問う大槻さん。

「徹底した除染をやってほしい。原発事故は人災です。賠償すれば終わりだというわけにはいかない。孫やひ孫に何をやってあげられるか。戦争のない社会。原発ゼロ、再稼働をさせない――。じいちゃんの役割です」

（２０１４年1月24日付）

人影の消えた街を見て

ガイドブックを編集　大内　秀夫さん

「帰りたい帰れぬ村へ黄沙《こうさ》飛ぶ」

福島県相馬市に住む大内秀夫《おおうちひでお》さん（77歳）が詠んだ俳句です。「相馬新地・原発事故の全面賠償をさせる会」が発行した『福島の悲しみを知ってください。原発被災地を歩くガイドブック』に載っています。

「ガイドブック」は、全国から被災地の救援活動と現地調査に訪れた人たちに、現状を分かりやすく伝える資料として作成されました。大内さんが編集責任を務めました。

表紙は、浪江《なみえ》町立請戸《うけど》小学校から見える東京電力福島第1原発の排気筒やクレーンを撮った写真。写真説明は「毎日教室からこの光景が見えていた。三月十一日以後、津波と放射能に追われ、子どもたちは全国に避難し四散した」と静かに告発しています。

「ガイドブック」を編集した大内秀夫さん

高校の教師を長く務めた大内さん。教え子たちを大震災の津波で失いました。放射能被害は、東京などに住む5人の孫たちと会うことをできなくさせました。「地域から若者がいなくなった」と悲しみます。

■事故前から警鐘

「事故あれば被曝地となるこの町のそら晴れわたり鶸《ひわ》の群れ飛ぶ」（遠藤たか子さん作）。「ガイドブック」には「3・11」前に詠まれた短歌が載っています。危険性に警鐘を鳴らしてきた証しです。

大内さんたち404人は、1975年に東京電力福島第2原発設置許可取り消し訴訟を福島地裁に提訴しました。「原発を破壊する地震津波の危険、処理不可能な放射性廃棄物の大量発生、避難計画もない住民無視」などを告発していました。

最高裁まで争ったものの敗訴。しかし、当時警告した危険は「3・11」で現実のものとなりました。

■「今度こそ勝つ」

「あの時、勝利していたら、こんな苦しみを味わうことはなかった。本当に無念極まりない」。大内さんは、再び国と東京電力に原状回復を求めて「生業を返せ、地域を返せ！」福島原発訴訟に加わりました。第4回口頭弁論で、こう意見陳述しました。

「私たちは今度こそ絶対に勝ちます。私は、今この地域で生きていくため、未来の子孫のため、私の人生の大仕事だと思ってこの裁判の原告になっています」

「ガイドブック」には「二十年は帰られぬと言ふに百歳の母は家への荷をまとめをく」（吉田信雄さん作）とのうたも載っています。配達されないままに浪江町の新聞配達店に山積みにされた3月12日付の新聞が写し出された写真も。

「悲しみと怒りの3年でした。生きていくためにもたたかわなければいけないと決意しています」と語る大内さん。「安倍首相は、原発の再稼働を当然のように推進しようとしています。ストップさせる力は世論です。福島に来てください。人影の消えた街を見てください。ガイドブックを持ってスタッフは待っています。原発ゼロへともに歩みましょう」。

（2014年2月3日付）

土を汚された怒り忘れない

ナシ農家　阿部　哲也さん

「農家は物を作る喜び、収穫できる喜び、消費者から『おいしい』と喜んでもらえる楽しさから成り立っています。自然の恵みを提供してくれる大地が原発の放射能で汚された。怒りはどこにぶつけたら良いのか」

ナシ畑で作業する阿部哲也さん

■栽培面積日本一

福島市笹木野《ささきの》でナシをメインにモモ、リンゴなど1・5ヘクタールの果樹栽培をする阿部哲也《あべてつや》さん（51歳）の怒りはおさまりません。

阿部さんは東京の大学の法学部を卒業し会社員になりました。父親の病気をきっかけに、26歳で専業農家を継ぎました。

父は他界。「地域の人たちに支えられて、教わりながら果樹栽培の基本を覚えました」と言います。

阿部さんが住む笹木野萱場《かやば》地区は、120年の歴史のある萱場ナシの名産地です。鴫原佐蔵《しぎはらさぞう》氏（故人）が自生している山ナシを見つけて、苗木を取り寄せて育てたのが始まりと言われています。

萱場ナシのブランドとしてまとまった地区での栽培面積は、日本一を誇ります。吾妻連峰のふもとに位置し、水はけの良い、高温多湿、昼夜の気温差が大きくナシの栽培に適しています。

「剪定《せんてい》は特に経験が必要だった」と苦労を振り返る阿部さん。「花芽と葉芽の見分けができずに花芽を切ってしまい、不作にしてしまったこともあります」。

「福島第1原発の事故前は10キロ1箱2000円から2500円でした。事故から3年になりますが1000円は下落したままです。50％は個人の贈答用の販売でした。そうした消費者の注文は2割から3割は減ったままです」

2013年9月、大学の協力を得て2週間、積算放射線量を測るガラスバッジを付けて農作業をしたところ「年間2・1ミリシーベルトはあった」と言います。高い放射線量のなかで農作業をしてきました。

■教育の場奪った

「妻と、77歳になる母親との家族農業。放射能の危険性は知らされなかった」

地元の中学生は総合学習の一環として、年数回にわたって果樹園内で農作業の体験をしてきましたが、原発事故後は中止となりました。

「50年以上続いてきた伝統が途絶えた。子どもたちが地域とのつながりを学ぶ教育の場すら、原発事故は奪った」と語ります。

原発事故からまもなく3年。「怒りを持ち続けることが大切」と言う阿部さん。「『忘れてもらったほうが良い』という意見もあります。でも、減収被害は自然にはなくなりません。果樹類の放射線量は検出されていません。それでも買ってもらえない。福島の今をありのままに訴えていく必要がある」と、「生業を返せ、地域を返せ！」福島原発訴訟に加わりました。

萱場ナシの産地を守るためです。

安倍内閣が「原発は基盤となる重要なベース電源」としたことに、「福島のことをどう考えているのか。俺たちは浮かばれない。何としても阻止しなければ。再稼働反対です」と決意しています。

（２０１４年2月17日付）

気づいた者が声上げて

原告団事務局長に就任した　服部　浩幸さん

「食を通じ、お客様の生活向上と地元地域の発展に貢献」することを社是とするスーパー「ますや」の社長、服部浩幸《はっとりひろゆき》さん（44歳）は「生業を返せ、地域を返せ！」福島原発訴訟の原告団事務局長に就任しました。

■スーパーが要に

浪江町に隣接する二本松《にほんまつ》市東和《とうわ》地区にある「ますや」は、東日本大震災の日、「明かりがともっていて安心できた」「食べ物を買える場所があって本当に良かった」と、地元の人たちだけでなく浪江町からの避難者にも喜ばれました。東和第一体育館などが避難所になったからです。

服部浩幸さん

「閉じずに開いたスーパーが地域のインフラの要であることを実感しました」と、3年前の大震災の混乱を振り返ります。

「地域に密着した商売のあり方を実感させられた3年間だった」と言います。

2012年4月から13年3月までＰＴＡの会長を務めた経験から、二本松市がとりくんだチェルノブイリ原発事故視察団に加わりました。「原発事故の恐ろしさを知る機会になった」と言います。「福島も同じようになってしまう」と痛感しました。「原発ゼロの声を上げることに吹っ切れた」視察でした。

「個人では限度がある」と感じて、同じスーパー経営の中島孝さんが福島原発訴訟の原告団長を務めていることを知り原告になりました。

高校1年の長女、中学1年の長男、小学2年の次男の3人の子の父親の服部さん。「店を閉めるのはできないので、子どもたちを避難させるか迷ったものの、家族がバラバラになることなく乗り越えました」。

「ますや」は、明治初期に蚕や羊毛の買い付けにくる商人を宿泊させる旅館としてスタート。販売を充実させてスーパーに発展させました。

「おいしいものをお求めやすく、心を込めて」「お店はお客のためにある。損得よりも善悪を優先。そのために滅びてもよし、断じて滅びず」。社長の服部さんがモットーにしている行動指針です。

大震災はこの店の方針が正しかったことを証明しました。「欲張らずに、パイの中で商売をしてきて『ありがとう』と言ってもらえた」。

■復興は始まらず

震災から3年を前に「復興は土俵にもあがっていない」と服部さん。「真に原発事故を収束させること。残念ながらスタートラインにも立っていません」。

5000人原告団をめざす福島原発訴訟原告団事務局長として、3つの目標を持っています。1つは「しっかりした原告団の確立」。2つは、そのためにも財政基盤が弱いので強めたい。3つに法廷外での活動に取り組み、世論を動かす社会的運動に発展させる——。

「気づいたものが声を上げないとだめです。運動を市民レベルに広げるために知恵を絞りたい」

（2014年3月3日付）

飯舘牛の復活で再建を

飯舘村長泥区長　鴫原　良友さん

「3年になるのに時間は止まったまま。何にも変わらない。復興は見えない」。飯舘村長泥区長《いいたてむらながどろくちょう》を務める鴫原良友《しぎはらよしとも》さん（63歳）は、東京電力福島第1原発事故から3年を前にしてそう語りました。

■牛飼育を生業に

村の74％が山林で、自然環境に恵まれたなかで育てられた牛は「飯舘牛」のブランドとして高く評価されてきました。

「牛と話をするときが一番癒される。ストレスも消える」と、目を細める鴫原さん。牛の飼育を生業として2代目。6頭の牛とコメ、野菜の栽培などで暮らしてきました。

生活が一変したのが原発事故発生後、1カ月になる2011年4月。国が飯舘村を計画的避難区域に指定。全村避難が開始されてからです。

3年前の3月15日、原発事故の放射能は、南東の風で雨から雪に変わり、村に降り注ぎました。しかし、福島第1原発から北西に30キロ～50キロ離れている飯舘村も危険な事態におかれていたことは、知らされませんでした。避難が開始されたのは4月になってからです。

鴫原さんは、牛の処分などで「実際は5月まではとどまっていた」といいます。

長泥地区の約50世帯、180人は、原子力損害賠償紛争解決センター（ADR）に集団申し立てを行い、このほど、1人50万円、子どもと妊婦100万円の和解案が提示されました。鴫原さんは区長として住民の要求をまとめました。

被ばくによる不安への慰謝料の支払いは初めてです。

現在、福島市内の公務員宿舎で避難生活を送る鴫原さん。1年ごとに居住契約を更新する形で暮らす避難生活です。「いつ追い出されるのか不安。わが家で暮らすという安心感がない。せめて復興住宅を作ってほしい」。

飯舘村の復興について語る鴫原良友さん

■「一緒に模索を」

飯舘村は、12年7月に「帰還困難」「居住制限」「避難指示解除準備」の3つの区域に再編されて分断されました。長泥地域は「帰還困難」地区になり、立ち入りが制限されています。「6カ所のバリケードがあって5年間は自由に戻れない。自分自身の生き方が問われている」。

鴫原さんは復興への夢を持っています。

「モデル地区を作り、思いのある仲間と飯舘牛を復活させたい」。昨年、「ひとめぼれ」の試験栽培を鳴原さんの土地で行い、10月、3年ぶりに稲刈りを行いました。「土に触れて癒された。収穫は一番の楽しみ。牛についても試験的な飼育をして再建への道のりを模索すべきだ」。国と東電に対して「被害者の声を真摯に聞いて対応してほしい」と、上から目線の対応を批判します。

「いつも一方的に押し付けようとする。わがら（私たち）の話は聞かない。おたがいが話して、どうするのかを考える。希望をもたらす方法を一緒に模索したい」と、国や行政に要望する鳴原さん。

「村に爆弾を落とされたような状況なのだから、どうしたいのかわが（自分ら）で決めるなら村もまとまる」

（２０１４年3月11日付）

「おいしいな」を励みに

イチゴ農家　蒲生　誠市さん

■三重の災害直面

「トリプルの災害に見舞われた」と頭を抱えるのは、福島県田村《たむら》市でイチゴや野菜を栽培する蒲生誠市《がもうせいいち》さん（38歳）です。

東京電力福島第1原発事故による放射能被害、福島県産農作物への風評被害、そして2月に降った大雪によるイチゴハウスの倒壊。「鉄骨造りイチゴハウスは、3連棟、10アールの広さを備え、1200万円かけて建築したのが壊れました。パイプハウスも10棟中7棟がつぶれました。ローンも返済し、これからだと思っていた矢先の被害だった」。

福島県の大雪による農林水産関係の被害は8億2100万円。農業関係に限っても7億6300万円にのぼります。福島県は独自の支援策を検討。ビニールや大型の鉄骨ハウスにも支援できるようにする方針です。蒲生さんは、「農家は二重三重の苦しみを抱えています。県は早く支援してほしい」と訴えています。

雪の重さで壊れたイチゴハウスを見る蒲生誠市さん＝田村市

蒲生さんは、イチゴ、キュウリなど野菜栽培農家を継いだ4代目。生産したイチゴや野菜は、ワゴン車に積んで近隣の町場で販売します。「消費者の顔が見えて気心も分かる。祖母の時代は背負子《しょいこ》に野菜などを入れて売り歩いた」と言います。

原発事故のあった2011年は、「まったく買う人がなかった」と言います。2年目になって価格は10％ほど安くなったものの、「あんたを信用して買う」と売り上げは回復しました。

蒲生さんは、東京都多摩市にあった農業者大学校で学びました。国立の教育機関として1968年に設立され、「世界最高水準のトップ経営者の育成」をめざしました。妻の和世さん（38歳）はこの大学校の同級生です。

「全国から農業後継者が集まっていて、刺激にもなるし、それぞれの地域のやり方についても知ることもできた」と話します。

4月には中学3年生になる長女、中学1年生になる長男、小学5年生になる次女の3人の子どもがいます。原発事故直後は1カ月ほど和世さんの実家の神奈川県に避難しました。子どもたちの学校が再開されることをきっかけに田村市に戻り、イチゴや野菜作りに専念しました。

■完熟させて販売

蒲生さんのイチゴハウスでの栽培方法は、養液栽培ではなく土壌栽培です。イチゴを完熟させて販売。「甘い」と消費者からは歓迎されます。「基本は土づくり。有機肥料で安心安全なイチゴを作っている」と自慢です。

「糖度は18度。スーパーで売られているのは平均12度ですから、どこにも負けません。地元で買ってもらえるので完熟させられます。真っ赤っかのイチゴを見ると『やった！』と、うれしくなる」。地産地消の強みを強調します。

「イチゴの親苗を育成させて来年の春までに出荷できるように頑張ります。地域に根ざして

『おいしいな』という声を励みに再建させます」（２０１４年３月22日付）

果物の里、忘れ得ぬ誇り

果樹農家　澁谷　節男さん

福島県伊達郡国見町《くにみまち》の澁谷節男《しぶやせつお》さん（66歳）は、モモ、リンゴ、あんぽ柿作りに誇りを持っています。「苦労の連続。原発について考えた3年だった」。東京電力福島第1原発事故は、果樹作りの誇りをぶち壊しました。

国見町は、福島県の最北端に位置し、肥沃な土地にめぐまれてコメやモモ、リンゴ、カキなどの主産地です。

■畑に立って50年

モモ、リンゴ、カキなど1町5反の果樹農家の後を継いだ7代目の澁谷さん。「カキの木には樹齢１００年以上のものもある。果樹畑に立って50年。中学を卒業し16歳から農作業に携わった」と語ります。

澁谷さんのモットーは「物は売るな。真心を売れ。金は取るな。感謝の気持ちを受け取れ」。もう1つは「１つ買う人を１００人探せ」を基本に直売所を中心にした対面販売です。「本当のおいしさを知って味わってもらうためには完熟で売らないとだめです」。

剪定（せんてい）作業をする澁谷節男さん

２０１１年３月11日以後は、長男の嫁と孫の避難が始まりました。約１カ月、避難しました。「孫の健康被害が心配でした」。

その年のモモは、「１箱（７・５キロ）１００円。先祖代々作り続けてきたモモやリンゴは廃棄するほかなかった」と、原発事故の悔しい思いをかみしめます。

翌12年は、「無理してつくった」ものの、販売自粛となり、消費者に届けることはできませんでした。13年は、あんぽ柿を「試験的につくった」結果、安全性は確認できたもののブランドの復活はこれからです。

「おいしいものを作るために勉強し続けてきた。どこにも負けない」と、自負していたのに、消費者に食べてもらえず、喜んでもらえなかったのです。

■販路に無料配布

「消費者に忘れられてしまったら終わり。検査をクリアしたモモやリンゴなどを無料で贈った」といいます。「覚えていてもらう。〝損して得取れ〟」と、販路の確保に努力しました。

澁谷さんの努力は少しずつ実を結びつつあります。

「〝損して得取れ〟と贈ってきた消費者から『知り合いにも勧めてみます』と紹介してくれました。本気でやってくれてありがたかった」と感謝します。

福島県の農家を苦境に立たせた原発事故。澁谷さんはきっぱりと言います。「原発の再稼働は私たちの3年間の苦労をまったく教訓としていない。絶対に再稼働させてはならない」。

（2014年3月24日付）

SPEEDI公表なく

生活保護受給者　八巻　幸子さん

福島市に住む八巻幸子《やまきゆきこ》さん（59歳）は、東日本大震災からの3年間を「不安の連続だった」と言います。

「3・11」の日、外出先から帰宅したときでした。立っていることもできない激しい揺れに見舞われました。愛犬の「小太郎」をしっかり抱きしめて収まるのを待ちました。

アパートで一人暮らしの八巻さん。長女が迎えに来て、母親と弟の住む飯舘村の実家に一時避難しました。

ところが、その後SPEEDI（緊急時迅速放射能影響予測ネットワークシステム）で飯舘村は福島市よりも放射線量が高いことが判明し、全村避難となったのです。

SPEEDIが直ちに公表されていたならば、わざわざ危険なところに立ち入ることはなかっ

生活保護費引き下げで不服審査請求をした八巻幸子さん

たのです。

母親と弟は現在、福島市内の借り上げ住宅で避難生活をしています。

「母親は79歳になりますが環境の変化で血圧が高くなり、認知症が進んでいます」と心配します。

■愛犬が話し相手

2013年8月、生活保護の生活扶助費引き下げが行われました。八巻さんの場合、月額1260円もの減額に。お風呂は、汚れたときだけ入り、食費を切り詰め、1日2食にしました。スーパーには閉店間際の値引きになる時間に行きます。固定電話を解約、新聞の購読もやめました。友だちとの会食や交際を避けるようになりました。話し相手は小太郎だけです。

中学を卒業後、東京に集団就職し、縫製工場で働きました。「高校にいきたかった。夜は洋裁専門学校にいかせてもらえたので頑張りました」。デザイン科のある学校で学びたかったものの「高校の卒業が必要」と夢はかなえられませんでした。

消費税の増税は「どこまで行っても貧乏。生殺しにされている」と追いつめられた感じがしています。

■不服審査で陳述

「生活扶助費は10万円以上にしてほしい」と願い、扶助費の減額に不服審査請求をしました。福島県の生活と健康を守る会関係だけで約１００人が申請しました。そのうち福島市内の申請者は59人。八巻さんは、「生活保護を受けている人間は、人間らしい生活を禁ずると言われているようだ」と意見陳述をしました。

不服申請にたいして福島市から弁明書が出され、それに対して申請者らは再反論しています。長女夫妻は、福島市内でも放射線量の比較的高い渡利《わたり》地区で暮らしています。

「原発はゼロにしてほしい。再稼働などとんでもないです。母親は故郷が一番良いと言っています。早く飯舘村に帰って野菜作りをしたい」

（２０１４年3月31日付）

医師の一歩ここで

医療生協わたり病院　国井　綾さん

国井綾《くにいりよう》さん（25歳）は4月1日、福島市の医療生協わたり病院で医師のスタートを切りました。

■避難者の相談に

福島県いわき市出身の国井さんにとって、故郷で医師になることは長年の希望でした。とりわ

病院の入り口に掲げられた「一人は万人のために　万人は一人のために」の前に立つ国井綾医師

け、東日本大震災と東京電力福島第1原発事故後、わたり病院の実習で福島市内の仮設住宅などで避難者の健康相談会などに参加し、そうした活動を通じてその思いを強くしました。「故郷は医師の存在を必要としている」と。

3年前の「3・11」、広島で医療合宿に参加していた医学生だった国井さんは急ぎ帰京。福島の情報を収集して故郷に戻りました。

わたり病院が実施した仮設住宅での健康相談会、お茶会、体操やレクリエーション。これらに参加する、どの子ども着けている線量計バッジが福島の現状を象徴していました。国井さんは「精神的サポートが求められている」と直感。故郷で医師として着任する意思を決定的にしました。

放射線におびえながらも、折り合いをつけて生きざるを得ない福島の現実。「医学でコントロールできない原発事故の放射能汚染による人体への影響を避けることができないのなら、原発はゼロにするしかない」と確信しました。「健康と命を脅かすものを再稼働するなど、許すことはできない」。

医師になろうと思ったのは、中学3年生のころ、山崎豊子原作のテレビドラマ「白い巨塔」を見たこと。農業や環境保護にかかわる職業に興味があった国井さん。権威主義の財前五郎医師と無欲で誠実な人柄の里見脩二医師。相対する2人の医師像を見るなかで「目の前の患者に全力で向き合い命を扱う仕事。やりがいがある」と思いました。

「里見医師は、『お医者様と患者』という関係ではなく、不安を抱えている患者に寄り添う姿勢で対話を重視して治療にあたった。そんな医師に私はなりたい」

母の手ひとつで医師の道を歩ませてもらいました。食品の仲卸業をしています。自由闊達に育ててくれ、医師になるという子どもの将来を支えてくれました。

■患者の人権守る

わたり病院との出会いは、医学生として技能研修を数回受けたことでした。同病院の患者の人権を守る医療に徹する姿勢、「一人は万人のために　万人は一人のために」をモットーとしてどの患者にも対応する方針に共感しました。

病院の周辺には、高濃度の放射能汚染地域、ホットスポットが点在します。ホールボディーカウンターを備えた「数十年にわたって放射能とたたかう最前線」の病院となっています。

小児科を将来志望している国井医師。未来を担う子どもたちの健康と命を守っていこうと決意しています。

「医療との向き合い方の基礎を作ることを目標に福島に暮らす」。ドクター国井の選択です。

（2014年4月7日付）

それでも農業を続ける

産直組合郡山代表理事　橋本　整一さん

「これほど悪いことをして責任をとらない。こんな理不尽なことはない」。福島県郡山市の産直組合郡山の代表理事を務める橋本整一《はしもとせいいち》さん（74歳）は怒り心頭です。

「生業を返せ、地域を返せ！」福島原発訴訟（中島孝原告団長）の原告の一人、橋本さん。3月25日、福島地裁で開かれた第5回口頭弁論の進行を原告団席から見守りました。

■たたかい続ける

被告の東京電力は「原状回復は技術的にも金銭的にもできない」「年間20ミリシーベルト以下の放射線を受けたとしても何らそれらの人々の法的権利を侵害したことにはならない」と加害企業としての自覚も責任もない無責任な主張を繰り返しました。

裁判長が事実解明へ積極的に被告に質問するなど、「分かりやすい審理だった」と傍聴した感想を話しました。

「死ぬまでたたかいぬく」ことを心に刻みました。

約40年前に水源地に近い所に住民との合意もなく食肉センターの建設が持ち上がり、反対運動が広がりました。中心となった一人が橋本さんでした。「みんなの要求で運動すれば支持されてできる」というのが、そのときの教訓です。

地域の仲間十数人と生業訴訟の原告になりました。

第5回口頭弁論の東電とのやり取りを聞いていて、「俺らが正しい」ことを確信できたのです。

3年前に福島第1原発が爆発したとき、孫娘の通う高校の校庭の放射線量は高い数値でした。ネット上に流れた「福島の女性とは結婚しないほうがいい」といった心ない中傷に、東電への怒りが込み上げました。

牛の世話をする橋本整一さん

3町歩（約3ヘクタール）のコメを作る橋本さん。「年間600万円の収入はあったのが半分に減った」と原発事故のもたらした影響に翻弄されています。

それでも農業を続けるのは、水田の果たしている環境を守る役割を大切にしたいからです。水田は、小さなダムであり、地下水をつくり、稲の光合成によって空気をきれいにします。水田にはたくさんの生き物が生きています。そこに放射能をまき散らしたのが原発事故です。

「危険だということが頭にあって、原発建設には反対でした。本当にこんなことになって驚いています。東京電力との直接交渉のとき、牛乳を持っていって飲んでみるように迫りました」

■再生エネの宝庫

再生可能なエネルギーに転換させるために市民とともに共同出資して300キロワット時、250キロワット時、200キロワット時の太陽光発電所の建設を進めています。「百姓がみずからやることが大事。ここは再生可能なエネルギーの宝庫。やればできることを示したい」

太陽光発電所は7月には稼働する計画です。

（2014年4月21日付）

教え子たちから署名届く

生業訴訟の原告　渡部　保子さん

「精いっぱいに生きてきた3年でした」。福島市に医師の長男家族と暮らす渡部《わたなべ》保子《やすこ》さん（72歳）は、そう振り返ります。

■精いっぱい3年

「生業を返せ、地域を返せ！」福島原発訴訟の第5回口頭弁論（3月25日）で原告側の意見陳述にたちました。

「孫たちや次の世代が、きれいなふるさとで生まれ育ったという誇りを取り戻せるように、早く国と東京電力は、自らの過失を認め、二度と同じことを起こさないよう解決に力を尽くしてください」と訴えました。

安倍内閣が原発を「重要なベースロード電源と位置づける」と閣議決定をしたことから、「(法廷で訴えた) あの時の気持ちを心の奥底に沈めずに、福島の声をしっかり全国へ伝えていかなければいけない」と思っています。

「自分ができることはそう多くない。ただ嘆いているより『分かったこと』『納得したこと』は精いっぱいやろうと思ってきた」

宮城県登米《とめ》市石越町《いしこしまち》に生まれた渡部さん。両親が教師の家で育ちました。親と同じく教師となったことを「よかったなあ」と今では感謝しています。

教師になって最初の担任となったときの教え子たちに「原発ゼロ」を求める署名を訴えたところ、「1万円のカンパとともに集めた署名を送ってくれた」ことなど、今も絆が生きているからです。「3・11」の翌12日、給水などで長時間、水くみのために並びました。医師の長男家族たちが「病院や施設は受け入れ先が決まり、最後の患

第5回口頭弁論を前に決意を述べる渡部保子さん

者さんの移動が決まったら自分たちの移動になる」と説明してくれました。それで渡部さんも福島にとどまることにしました。

渡部さんは「孫たちだけでも避難したらどうか」と思いましたが、長男家族の決意は変わりませんでした。そのため不安を抱えた周りの人たちと、食べ物や安心のための暮らしの知恵を学ぶ場に参加したり、その機会をつくりました。

福島県で暮らすようになって54年になります。福島大学学芸学部（当時）に入学。松川事件の真相を究明する活動や安保闘争などにかかわりました。幼い日、映画「ヒロシマ」や壺井栄の小説にふれ、「戦争はいや」の気持ちはずっとあり、卒業後、福島で中学の教員になりました。「何だ。女先生か」と男尊女卑の風潮の中で「子どもたちと親たちに分かるように話すこと」を貫き、信頼を得るように努力しました。「学年便り」も「深い内容をやさしい言葉で伝える」ことに努めました。

■小説の一節読み

「3・11」から3年がすぎて、渡部さんは新たな思いを強くしています。

「しんぶん赤旗」連載小説『時の行路』（田島一）の「傍聴席を埋め尽くせないようでは『裁判は負けたに等しい』というのが争議の常識であった」という一節を読み、「自分たちの原発裁判も同じだ」とみんなに声をかける意味をかみしめました。

「原発事故によって平穏に暮らす権利が奪われました。権力側は『福島原発事故は終わった』

と国民に思わせようとしています。死ぬまでたたかいです。諦めない気持ちを発信し続けて、共感してくれる人を増やしたい。原発の後処理を後の世代に残すことはできません」

（2014年4月28日付）

桜見る日まだ遠く

千葉県原発訴訟　遠藤　行雄さん

福島県富岡町《とみおかまち》から東京都練馬区に避難している遠藤行雄《えんどうゆきお》さん（81歳）は「苦しい3年間だった」と、東日本大震災と東京電力福島第1原発事故からの3年間を振り返ります。

■「あなたは被災者じゃない」

福島県富岡町には全国有数の桜の名所、「夜《よ》の森《もり》公園」があります。2500メートルの桜並木に2000本の桜が東北一のトンネルを作ります。

「桜の季節には毎年花見を楽しんだ」という遠藤さん。震災後は一度も花見はしていません。「そんな気分になれません」と、悩んだ3年間でした。

南相馬市原町に生まれた遠藤さんは、56歳のときに終《つい》の住み家として富岡町に家を建て、「夜の森公園」で春をめでてきました。

福島第1原発から8キロの地点にあり、原発事故後、知人を頼って千葉県習志野市に避難、その後、娘の住む東京都練馬区で避難生活を送っています。

遠藤さんが国と東電に損害賠償を求める裁判を起こしたのは、東電が「あなたは被災者じゃない」と賠償を拒否したことからでした。

1年のうち3分の2以上は、自宅のある富岡町で暮らしていました。建築業の仕事の都合で現住所を千葉県に置いていたことから賠償を受けられなかったのです。

富岡町が発行した被災証明書や住民基本台帳などを示しても東電は、住所が富岡町にないことを理由に賠償をしませんでした。「裁判で決着をつけるしかない」と決意しました。

遠藤行雄さんと妻の公子さん

福島県から千葉県に避難している8家族20人で提訴。第2次提訴を含めて47人の原告団となっています。

■完全補償は当然

遠藤さんは、15歳のときから親方のもとで大工の修業を5年間して、その後独立。工務店を経営。50人の社員を束ねる社長として働いてきました。

「帰る家もなくなり、すべてを原発事故で奪われたのに、責任をとらないのはあまりにも理不尽だ」。東電の仕事もした経験のある遠藤さんは、「完全賠償をするのは当然だ」と考えています。避難生活のなかで4回の入退院をしました。「石にかじりついても生き抜いて頑張らなければ」と自分に言い聞かせています。

政府が原発を「重要なベースロード電源」と位置づけたエネルギー基本計画を閣議決定したことに、「賠償問題一つとってもなんら解決していないのに言語道断だ」と怒ります。

「目に見えない放射能に脅えて暮らす人たちが多数いるのに、原発を再稼働させようとしている。どの面さげて政策決定をしているのか」

「原告が一人でも多く集まり、世論に広く訴えていきます」。原告団代表としての決意です。

（2014年4月30日付）

行動の原点は国民主権

原発即時ゼロ署名集める　和合　周一さん

福島市山口《やまぐち》に住む和合《わごう》周一《しゅういち》さん（73歳）宅の放射線量は、東京電力福島第1原発事故のあった翌年に測定したところ、毎時4マイクロシーベルトもありました。

■生存権の問題

和合さんが住む地区は、局地的に放射線量の高いホットスポットなのです。福島市内でも線量

「廃炉にさせるまで原発ゼロを訴える」と話す和合周一さん

が高い渡利《わたり》地区や大波《おおなみ》地区に接していることから、マスコミに取り上げられることはなかったものの高い線量です。

「生存権が脅かされている」。高齢の両親と暮らす和合さんは直感しました。

わずかに戦争体験のある世代の和合さん。B29（当時のアメリカ軍の主力爆撃機）が渡利地区に広島型原爆の模擬爆弾を投下し、犠牲者が出たこと。白壁の自宅を「目立つ」といわれて墨を塗ったこと――。「子どものころに命が脅かされた、ざわついた予感が、同じように身に迫っている」と感じました。

原発再稼働の動きと、集団的自衛権行使を容認させようとする安倍内閣の暴走。「子孫に禍根を残すことになる」と思いました。

1974年4月、福島県沿岸部への原発建設の是非が問われたとき、和合さんには明確な反対の意思があったわけではありませんでした。いま、身近に迫った放射能の脅威に直面して「原発ノー」を叫ばないと――。強く意識しました。

そんな思いでいた和合さんにとって、収束宣言の撤回、原発即時ゼロ、子ども・いのち・くらしを守ることを求める署名活動は、みずからの要求にピッタリでした。

■署名協力広く

「福島山の会ピスタリー（ネパール語でゆったり、ゆっくり）」「福島オペラ研究会」「文化の館・福島クリエーションセンター」などの会員を務める和合さん。署名簿をもって会員に協力をお願いしました。

多くは歓迎されて署名を集めてくれました。説明の必要な点は「即時ゼロで大丈夫なの」という疑問でした。「現に原発がなくても電気は足りていること、再生可能な自然エネルギーに転換すれば安全でクリーンなエネルギーが確保されることなど話すと協力は広がる」と言います。

福島医療生活協同組合の支部長でもある和合さん。放射能についての学習会を開き、「正しく恐れる」ことを学びました。線量計を持って生協組合員宅をまわり線量を測りました。「高い放射線量を計測したときは『ただちに避難しなければ』と思いましたが、高齢の親を抱えてそれもままならない。除染の徹底などで線量を軽減させることで乗り越えられる」と福島にとどまりました。

「政府の新エネルギー基本計画で原発がベースロード電源と位置づけられ、原発再稼働や原発輸出など、とっても危機感があります。ここまでくるとは思いもよらなかった。原発ゼロを求める署名はこれまで500人分は集まりました。1000人をめざします。私の行動の原点は国民主権の憲法の精神。廃炉にするまでたたかいます」

（2014年5月9日付）

「ゼロ」への思い、曲に

フォークグループ「いわき雑魚塾」　久保木　力さん

フォークグループ「いわき雑魚塾《ざこ》」の一員、久保木力《くぼきつとむ》さん（48歳）。福島県いわき市に住んでいます。職業は、宅配ドライバーです。

千葉県生まれ。1歳のときにおじ夫婦の養子となり、いわき市に来ました。「ドライバーとして全国を回ったが、いわきは一番住みやすいところ」。

小学5年生のころでした。合唱コンクールの練習のとき、音楽の先生から「声を出さずに歌いなさい」と言われたことがトラウマとなりました。「人前で歌うと笑われているように感じ、おとなになるまで歌えませんでした」。

ある時、友人から「最近、歌がうまくなったね」とほめられたことから、いわき市内で活動する「うたごえ」サークルに参加。その後、保育園の父母などでつくる「いわき雑魚塾」に加わりました。

♪放射能が汚した　小さな水田　田畑を残し　逃げる人々を　見たその日から　立っている

久保木さんが作った「カカシ」という詩です。

雑魚とは、小魚のことで「価値のない」などと、揶揄《やゆ》する言葉として使われます。「音楽的には素人でも、歌に託した思い、伝えたい気持ちは誰よりも強く持っている」と久保木さんはいいます。

■人生変える事故

東日本大震災と東京電力福島第1原発事故は「人生を変える大きな出来事でした。物心がついたころにはすでに原発はできていました。危険な存在だとは強く意識したことはなかった。しかし、原発事故が起きて強く危険性を意識させられました。目覚めた」と言います。

「放射線量が比較的低い地域でも子どもを育てて大丈夫だろうかと不安がある」と、国と東京電力に損害賠償を求めた福島原発事故被害いわき市民訴訟の原告になりました。

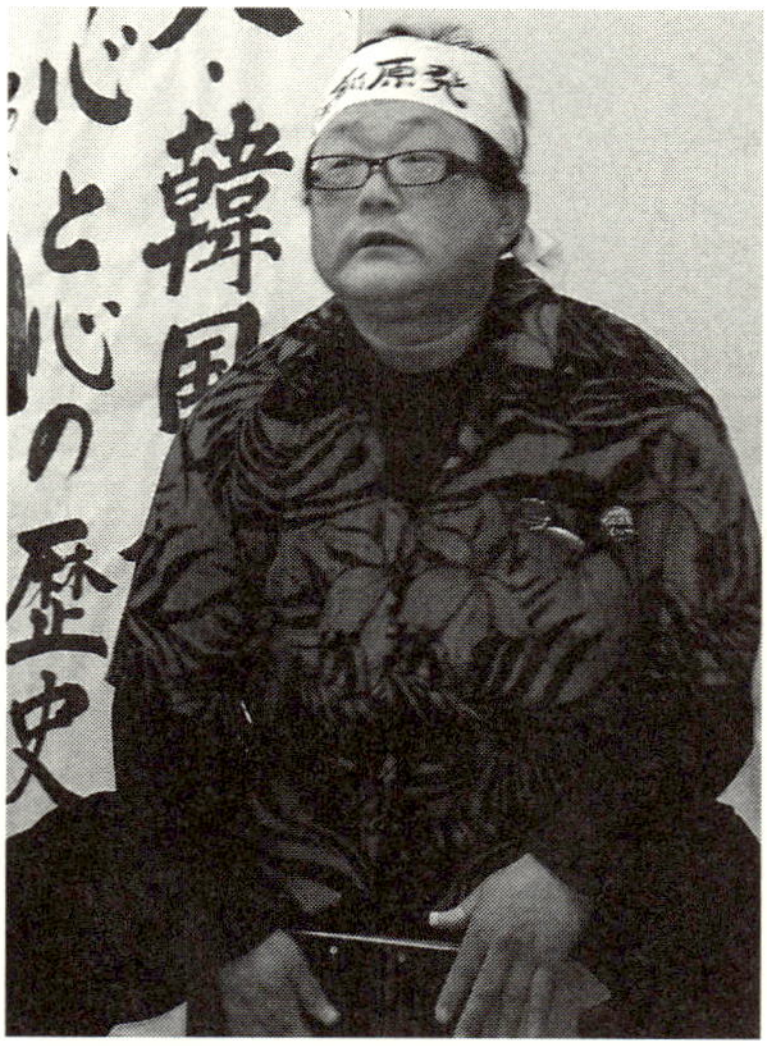

久保木力さん

「いわき雑魚塾」は原発事故後に「でれすけ原発」というCDを作りました。「でれすけ」とは、「バカたれ」という意味です。

♪原発ぶっとんで　放射能ぶんまいで
ジジババと住んだらおら家　おっとばされた　でれすけ　でんでん　ごせやける　でれすけ　原発　もぉいらねぇ

この「でれすけ原発」のほかに久保木さんが作詞した「カカシ」「ぼくらの自画像」

を含め、震災と原発事故をテーマにした歌10曲が入っています。

■県民の生の声を

「CDを作り、多くの人に聴いてもらうことによって原発事故を風化させない。福島県民の生の声を届けたい。福島の思いを素直に書いて曲にした」と言います。

「原発にたよる経済や政治は見直そう。原発は日本からなくそう。そのための足がかりになればいい」。CDに込めた思いです。

「いわき雑魚塾」連絡先＝TEL090（3648）5845。メール zakojuku_iw@yahoo.co.jp

（2014年5月11日付）

避難者の健康悪化が心配

看護師　八代　明子さん

看護師になって40年の八代明子《やしろあきこ》さん（67歳、福島市在住）が今一番気になることは、仮設住宅で暮らす避難者たちの健康悪化です。

「夜眠れない」「動悸がする」「血圧が高い」。福島医療生協で取り組んでいる仮設住宅での医療相談で出される悩みです。

狭い仮設住宅で暮らすことでのストレスからくる健康被害の実態が見えてきます。「集会所で相談に応じていますが、集会所に来られない人や、来ない人のことが心配です。孤立死の危険性があるからです」と言います。

■「何かしないと」

昨年3月、「生業を返せ、地域を返せ!」福島原発訴訟の原告になりました。原告団での学習会で原発事故の理不尽さを学びました。「何かしないと福島が忘れ去られてしまう」。危機感を持ちました。原発ゼロをめざす福島金曜行動に参加しました。

同年7月、安倍政権が参院選挙政策で原発の再稼働の方針を打ち出したことから、「福島の声を発信し続ける」と、若者と一緒に行動しています。

「低線量による被ばくが将来なんの影響もないのだろうか? そうしたことが解明されていないのに再稼働など絶対に反対です。ぜんそくやリウマチの持病があり、体調をみながら声をあげています」

看護師になった動機は、医療事務の仕事をしていた時、人間の命を救うこととはどういうことなのかを知って感動したことで

福島金曜行動で原発ゼロ署名を訴える八代明子さん

した。

「人間と向かい合える。魅力がありました」

看護学校に入るために鹿児島県から上京。看護学を学び看護師の資格を取得しました。旧東京都立養育院に勤務しました。

同養育院には訪問看護部がありませんでした。患者さんのなかに気になる人がいました。「許可をもらって個人的に訪問看護をしていました。肺気腫の患者さんがいて、『亡くなる前に故郷の広島に帰りたい』と言っていました。ボランティアで広島まで連れて行きました。その時の喜びの笑顔が忘れられない」と、看護師としてのやりがいを話します。

夫の父親が急死したのを機に夫の実家のある福島市に移り住み、26年になります。

東京電力福島第1原発事故から3年。「これでもか、これでもかと苦しめられ、地獄のような3年間だった」と言います。

大地震で自宅が半壊。避難所の体育館には10日間いました。

自宅を解体。アパートに移り住むためには家族同様の犬の「夏ちゃん」と猫の「ゆう」、「らま」ちゃんと別れざるをえませんでした。狭いアパート暮らしは親子関係をギクシャクさせました。普通とは違った暮らしを強いられてリウマチが悪化し、車の運転が不可能になりました。

「震災と原発事故さえなかったならば、こんなに不幸な状況にはならなかった」という思いを強くしています。

■「増税は理不尽」

「現在の主な収入は年金です。消費税の増税は大打撃です。食費を切り詰めるほかないです。仮設で暮らす人たちのことを考えると、これほど理不尽なことはありません」

収束宣言、原発再稼働と輸出。福島の苦悩を逆なでし続ける安倍首相の暴走。「絶対に許さない。原発即時ゼロ、増税反対は被災地福島の願いです」。

（２０１４年５月19日付）

原発の爪痕記録に残す

桑折町郷土史研究会会長　鈴木　文夫さん

福島県桑折町《こおりまち》に住む桑折町郷土史研究会会長の鈴木文夫《すずきふみお》さん（67歳）は、町史編纂《へんさん》などに携わってきました。桑折町文化財保護審議会委員も務めています。

郷土史の研究に携わるようになったのは、営業の仕事をしていたときです。「待ち時間を活用して公民館などに備え付けられている郷土史の文献などを読んだ」ことからでした。

「３・11」後の11月に大病を経験したことから、これからの人生で二つのことをやり抜こうと思っています。

一つは、「生業を返せ、地域を返せ！」福島原発訴訟に勝訴することです。原告団福島支部の世話人をしています。

もう一つは、桑折町の災害史をまとめること。東日本大震災と東京電力福島第1原発事故が郷土にもたらした人災の爪痕《つめあと》について記録することです。福島市北部の摺上川《すりかみがわ》から取水し桑折町、国見町を経て伊達市にいたる28キロの農業用水路である西根堰《にしねぜき》に関する文献リストを作成したいと言います。

■余震が続く中で

鈴木さんは、大震災の余震が続く中で治療を体験しました。無菌状況にした囲いの中のベッド上にいました。自由に歩くこともできない状況に置かれた中で襲う余震。病院の看護師の夜勤体制は2人だけ。「地震で避難しなければならない事態になったならば弱者は見捨てられてしまう」と、恐怖を感じました。病弱の妻と義母の安否が心配でした。

介護施設に入っていた義母の容体が悪くなり義母も入院。「1週間で亡くなりました。『負担をかけたくない』と身を引き、先に逝った」と思っています。

「このときに、原発はゼロにする、再稼働などとんでもない」と心に誓い、国と東電の責任を問う生業訴訟の原告になりました。

■街の風景を一変

桑折町は、江戸時代から始まった柿の生産地です。降りそそいだ放射能は、街の風景を一変させました。桑折町も、あんぽ柿の出荷を自粛することにしました。

あんぽ柿として使用できなくなった柿が、畑に山積みにされて放置されました。手間をかけられない農家では、柿が木から自然落下するまで放置しました。もがれることなく枝にぶら下がった茶褐色の柿。枝に付いたまま冬を越したのです。

町の風物詩でもあった渋柿をつるす「柿ばせ」の黄金色の風景も消えました。「こんな冷酷な景色は見たことがない」。

あんぽ柿を作る伝統的な技術が消滅するのではないかと心配でした。「東電は弁償すればそれでおしまいにしたい。そんな問題では済まされない」。

鈴木文夫さん

妻の庸子さん（63歳）の先祖は、８００年前までさかのぼれる農家でした。不毛の地だったことから水田、畑のほかにも、日常生活の維持のために山からの恵みが大切にされました。栄養補給のための山野草、小動物、飲料水源として山を荒らさずに維持してきました。それが放射能で汚されました。

「一族の世代を超えた努力と土地への愛着が染み込んでいます。先祖と子孫につながる代表の一人として国と東電の責任を問う」

（２０１４年5月26日付）

孫世代へ不安残さない

福島金曜行動参加者　高橋　久子さん

福島市に住む高橋久子《たかはしひさこ》さん（69歳）は、即時原発ゼロを訴える福島金曜行動には息子夫婦の家族とともに「ほとんどは参加してきました」と言います。

福島市内の「街なか広場」で午後6時から1時間、「電気はたりている　再稼働反対」「海に流すな　汚染水」「収束宣言撤回せよ」などとドラムやタンバリン、シンバルなどの打楽器をたたいてのアピール行動は、1年10カ月近くになります。

■悔しさから行動

金曜行動は「誰にでも意思表示できる表現方法だ」と思っている高橋さん。こだわりを持って参加しているのは、「何気なく過ごしてきた当たり前の生活が、原発事故で壊されてしまったことへの悔しさです」と言います。

「畑でできた野菜を食べさせる喜び」などがなくなりました。そして「外で自由に遊んでいた子どもたちの行動も制限されることになった」など、放射線量を測定したりしないと暮らせない非日常的な状態を強いられることになったのです。

避難すべきか。このまま福島で子育てできるのだろうか。「家族全体が悩みました。私たち家族は、福島に残って子育てすることを選択しました」。そうした中で高橋さんが心掛けているのは、「これからの世代を支える役割を持っている私たちがどっしりと構えて動揺を子どもたちや孫たちに見せないこと」と、腹に据えました。

「私たちの世代が動揺していたら子育て世代と孫世代が不安になります」と言います。

「東京電力福島第1原発が事故を起こして放射能をまき散らしていることは、まぎれもない現実です。この現状をしっかりと受け止める。そして賢く生きることです」。そのために学習や食品放射線測定を自分たちでやっています。

金曜行動を続ける高橋久子さん

■再稼働許せない

「ここで頑張る」と腹に据えてみると、「福島で原発ゼロの声を上げないでどうするのか?」と行動に駆り立てられました。

「原発即時ゼロ」「子ども・いのち・くらし」を守ることを求める100万人署名を、医療生協のつながりなどで訴えています。

「当たり前の生活が奪われたままで再稼働など許せない」と、安倍首相の暴走に怒ります。「福島は何も収束などしていないのに、もう無かったようなことにして、解決ずみのようにしようとしている政府。容認できません」金曜行動に参加する人たちをもっと増やしたいと願っている高橋さん。「福島人は黙っていてはいけない。現実をしっかり見て認識しながら反対の声を上げ続ける。私たちの苦しみは誰にも味わってほしくないからです」。

（2014年5月29日付）

田を汚染された悔しさ

浪江町から避難　佐藤　富子さん

「早く復興（公営）住宅を建ててほしい」。佐藤富子《さとうとみこ》さん（70歳）は、生まれ育った福島県浪江町から福島市のしのぶ台仮設住宅に避難してきてから間もなく3年になります。

狭くてストレスの多い仮設住宅暮らしから解放される日を心待ちにしています。「住むならば南相馬市につくられる復興住宅に入りたい」と考える佐藤さんですが、「入居募集も始まっていない」と、情報の不足と、遅れる復興事業にいら立ちを募らせています。

■仮設の近くに畑

佐藤さんは、浪江町で田んぼ4町5反を耕す米作りの農家です。実家も農家でした。「昔とったきねづか」で、仮設住宅の近くに畑を借りてナス、キュウリ、トマト、カボチャ、スイカ、メロンなど栽培しています。「ストレス解消になります」。

東日本大震災が起きた3月11日は、草取りをしていました。経験のない揺れ。「怖かった」。自宅の窓ガラスはめちゃくちゃに壊れて、翌日はビニールハウスで寝ました。

浪江町は、全町避難となりました。南相馬市、新潟県などの避難所を転々として、夫と91歳になる夫の母親、2人の息子の計5人が福島市の応急仮設住宅に落ち着きました。

今年4月、浪江町の一部で、原発事故後初めて米の試験栽培が始まりました。浪江町での田植えは4年ぶりです。

■試験栽培対象外

「復興住宅の建設を早く」と訴える佐藤富子さん

佐藤さんの田んぼは試験栽培の対象外です。「田植えができなくなってくやしい」と言います。「農作業は大変だけれども、秋に取れる（収穫できる）のが楽しみだった」。

種まき、田んぼの土作り、田植え、水管理、稲刈り、出荷と、米作りには88の手間がかかるといわれ、「トラクターなどの機械がないころは手植えなど腰に負担がかかりつらかった」と言います。

農作業を奪われて70歳の佐藤さんに働く場はありません。「ひまはあるがやりがいはなくなった」と、田んぼを放射能で汚染され、故郷を奪われた悔しさをかみしめます。

「本当に浪江に帰れるのですか。帰れても農業はできるのですか。農業で暮らしが成り立つまで賠償は続けてほしい」と佐藤さんは言います。

3年間、田んぼは放置されたまま。「セイタカアワダチソウなど田んぼは草ぼうぼう。水を田んぼに入れる水路は壊れた状態です。一時帰宅したときは草刈りをしてきます。希望はまだ見えてきません」。

次女が避難後に結婚、昨年11月に女の子の孫が誕生。頼まれると孫の世話をしています。

「子どもと孫たちのためにも原発の再稼働に反対です。原発は廃炉にしてほしい」。浪江町の農家の願いです。

（2014年6月8日付）

原発はならぬもの

生業訴訟原告団会津支部代表　高井　昌夫さん

高井昌夫《たかいまさお》さん（67歳）は、「生業を返せ、地域を返せ！」福島原発訴訟原告団会津《あいづ》支部代表です。会津若松市の被害者160人が原告に加わっています。

■奈良県から移住

高井さんは、「ぬくいから」「あかん」という関西弁と、「見てらんしょ」「うまぐね（よくない）」といった会津弁とをごちゃ混ぜに話します。

西会津に住む友人から「来ないか」と誘われて、奈良県から移住して40年。「本場関西お好み焼き・たこ坊」と土産物の卸業を営んでいます。「上り調子でしたが、ガタンガタンと（売り上げが）落ち込みました」と、東京電力福島第1原発事故の風評被害の実態を話します。

「店にはインターネットで知った学生さんが来てくれていました。ところが、原発事故後は来なくなりゼロです。近くにある富士通の工場などで働いている人たちが宴会を自粛しました。飲み会の自粛は今も続いています」と高井さん。

原発事故による被害を訴える高井昌夫さん（右端）と家族

「地元の野菜は新鮮。価格も安い」。しかし、福島産のキャベツなどが使えず、他県の野菜に替えざるを得ませんでした。

「98円のキャベツが350円もしました。ネギは京都産九条ネギを使っていますが、北陸道を走ってきたトラックは、新潟までしか運ばない。放射能を恐れて『福島には運べない』と言われました。京都からは『どうなっているのか』と電話が入るやら……」と、3年前の混乱を振り返ります。

会津ナンバーの車で東京に行ったときは、ガソリンも入れてもらえませんでした。料金を払おうとしたら「ちょっとお待ちください」と手袋をとりに行き、手袋をして料金を受け取られたこともありました。車にキズを付けられたこともありました。「心のキズは治りません」。

次女の武藤妙さん（32歳）は、中学生に陸上を教えていました。「県でもトップクラスの学校でした。外で走らせることができなくなり生徒たちは夢を断念させられました」。

高井さんは、お好み焼き店のほか、ホテル、旅館、ドライブインなどに民芸品の「赤べこ」や「起き上がりこぼし」、地酒、まんじゅうなどを卸していました。

■「ほったらかし」

「（売り上げが）60％は減った」といいます。「NHKの大河ドラマ『八重の桜』の効果で観光客は増えました。しかし、客が増えているのは観光会社と提携しているドライブインなどです。地域は潤っていない。8割から9割は戻ったけれども、卸業は平均するとダメ」。

会津地方は比較的放射線量が低いことから「ほったらかし」だといいます。

国と東京電力は「えらいこととしてくれはった」という高井さん。「放射能を飛ばしておいて後始末しない。ほったらかし。元の福島に戻してほしい」。

「ならぬもの（原発）はならぬのです」。高井さんの魂の叫びです。　（２０１４年6月10日付）

生業訴訟、人生の最後に

2つの震災体験　川俣町　遠藤　正芳さん

福島県川俣町《かわまたまち》に住む遠藤正芳《えんどうまさよし》さん（67歳）は、阪神・淡路大震災と東日本大震災の二つの大震災を経験しました。

阪神・淡路大震災のときは、京都府宇治市にいました。震度5。自宅は大丈夫だったものの、京都府下では家屋に被害を出すところもありました。

■救援に駆けつけ

「神戸が大変なことになっている」ことを知り、当時働いていた機関紙協会の調査活動に参加。大阪、神戸の被災現場に入り、救援にも駆けつけました。

遠藤さんは、父親が軍人だったことから中国で生まれました。6歳のとき、父親の実家がある川俣町に中国から帰国。京都の大学に進学する18歳まで川俣町で暮らしました。

「山で遊んだり、川で魚とりなどで遊んだ。自然豊かな古里の川俣町は母の懐のように温かなものでした」

大学では、寮や学生自治会の民主化のために活動。卒業後は、機関紙協会や借地借家人組合の専従事務局長など民主団体の事務局で活動しました。

生業訴訟の合宿に参加した遠藤正芳さん

定年を迎え、高齢になった両親の介護のために川俣町に帰ったのは、東日本大震災の約3カ月前。「2010年12月30日に古里に着きました」。

「3・11」、激しい揺れに見舞われました。屋根瓦50枚が崩れ落ちましたが、家屋の損壊は免れました。

阪神・淡路大震災の経験から、大津波に襲われた南相馬市と相馬市に駆けつけて仮設住宅に毛布など救援物資を届けたり、相談活動に携わりました。

■原発がなければ

南相馬市小高《おだか》区で、原発事故の特別に深刻な被災実態を目の当たりにしました。「死の街でした。時間は止まり、人は戻れません。原発がなければ復興はもっと早かったはずです。うかつでしたが、福島に原発があることも忘れていました」。

浜通りの沿岸部の被災者が、川俣町に避難してきました。ところが町には山木屋《やまきや》地区など放射線量の高いホットスポットもあります。

山木屋地区は、計画的避難地域となり避難生活を強いられることになりました。13年12月、山木屋地区35世帯、142人が、今年5月21日、第2陣35世帯、119人が福島地裁いわき支部に提訴し、東京電力の責任を追及しています。

遠藤さんたちは、この訴訟とは別に東電と国も被告に加えて原状回復と損害賠償を求めた生業訴訟に加わりました。

「原発事故の恐ろしさ、理不尽さ、被害者の怒りを知らせたい。原発事故で壊れた地域共同体を再生させたい。そのたたかいのために運動に加わりました」

遠藤さんは生業訴訟を「自分に残された人生の最後のたたかい」と位置づけています。

（２０１４年6月14日付）

4 明日へ、前を見据えて

撮り続け「後世に残す」

アマチュア写真家　渡部　幸一さん

福島市に住むアマチュア写真家・渡部幸一《わたなべこういち》さん（73歳）は、「福島の今」を撮りつづけています。福島に住む人でなければ撮れないリアルな写真が記録されています。

■「酪農家の死」

原発事故で置き去りにされて餓死した牛の頭蓋骨の姿、「原発さえなければ」と抗議の遺書を残して亡くなった「酪農家の死」、「牛のいない牛舎」、全町避難になっている浪江町《なみえまち》の請戸《うけど》小学校の教室の黒板に「必ず帰ってくる！」と書き残された生徒たちの無念の思い――。

6月26日から29日まで開く「写真と絵画の二人展」（福島市の福島テルサギャラリー）に、その中の数点を出展します。

38年間、中学校の英語教師をしてきました。退職後、本格的に写真を撮りはじめて14年になりました。日本リアリズム写真集団の全国公募展、第37～39回「視点展」で連続して入選しました。

福島県南相馬《みなみそうま》市小高《おだか》区に生まれ育った渡部さん。「3・11」後は、小高区にあった母校の金房《かなぶさ》小学校（鳩原分校）や金房中学校（小高中に統合）、福島第1原発から5キロ圏内にあった県立双葉高校には今、生徒はいません。

いわき市のいわき明星大学内にサテライト校を設けて授業を続けている双葉高校は、来年度から生徒募集をせず、中高一貫校へ移行します。現在の3年生が卒業すると「母校がなくなる」と、顔を曇らせます。

展示する写真を示す渡部幸一さん

大震災後に古里を訪ねましたが、バリケードで阻まれ、立ち入り禁止。「なんで自分の村から逃げなきゃいけね～んだ」「なんで自由にわげの（自分の）田畑のものが食えね～んだ」と、シャッターを切り続けました。

■地域に密着して

小学生のときから写真が好きで、雑誌の付録のカメラをいじっていました。1963年に福島大学を卒業後、教員となって学校行事や卒業記念写真などを撮っていました。自然や気候、風土などを撮るネイチャー系より人物の表情や生活に主眼をおき、「今、後世に残さなくて誰が残すのか」と自問し、地域に密着して撮りつづけています。

「3・11」後、「生活が一変した」と言います。「放射能とは何か、ゼロから勉強」しました。自宅周辺も放射線量が高く、地域の有志が協力しあって線量計測して地域マップにしました。

「息子の仕事の関係で県外に避難することは困難でした。福島に残りました。原発ゼロにするほかないと腹を据えて、反原発集会に出るなど忙しい3年間でした」と言います。

「教え子を再び戦場に送るな」と、教育の現場に立ってきた渡部さん。集団的自衛権行使を容認し、戦争をする国へと変えようとする策動に危機感を強めています。

「私の母親は、夫を戦争で奪われました。乗っていた船が撃沈されて戦死したのです。戦後、母一人で子どもを育ててきました。その一端を今回の二人展『たらちね』に表してみました。母の生き方と重ね合わせて戦争は二度と起こしてはいけない。集団的自衛権行使容認は絶対に反対です」

（2014年6月17日付）

首相に思い伝わらない

伊達・二井屋公園を守る会　小野　和子さん

福島県伊達《だて》市の二井屋《にいや》公園を守る会の小野和子《おのかずこ》さん（72歳）と同市伏黒《ふしぐろ》の有志は、70アールの公園に数十万本のポピーとアヤメを育てています。「5月から6月中ごろまでが見ごろで、今年は、記帳した人だけでも約１６００人が訪れてくれました」。
信達《しんたつ》（旧信夫《しのぶ》郡と伊達郡）一の桜の名所だった二井屋公園の桜並木は、戦中から戦後間もないころの燃料不足を補うために伐採されて「まきにされた」と言います。戦後、所有者は畑として使用していたものの、高齢となって耕作することができなくなりました。かつての桜の名所は荒地となったままでした。

　この土地を借りた小野さんたちが、「人が寄ってくるような花畑があったならばいいなぁ」とボランティアで花を植え始めたのは２００３年のこと。当初、桜の苗木20本とコスモスを植えました。

種を取るポピーに目印を付ける小野和子さん

「コスモスの種をまく時期を間違えて5月にまきました。伊達市では7月ごろがまきどきでした。早くまきすぎ、育ちすぎて花後の処理に苦労しました」

　アヤメの株とポピーの種が入手できたことから、「コスモスは3年でやめてポピーとアヤメに変更しました」。

　肥料など花畑を維持管理するには年間10万円はかかります。行政からの援助もなく、見学者のカンパだけで運営しています。

　ボランティアの有志の平均年齢は74～75歳。「若い人がボランティアで引き継いでくれるとよいのですが」と小野さんは言います。「10年がすぎて桜も咲くようになりました。『きれいだなぁ』とアヤメとポピーの名所として喜んでもらえる公園になってきて満足です」。

小野さんは、夫と45アールのモモ畑と、約20アールの野菜畑でキャベツ、白菜、ブロッコリーなどを栽培して直売所で販売しています。

原発事故が起きる前は産直個人客にモモ約350箱分販売していました。ところが、原発事故後は150箱に減りました。個人客が福島産モモから離れました。「残りは農協に出荷しています。収入は3分の1以下に減った」と原発事故の被害を話します。「損害賠償の請求はしていません。難しすぎてやっていない」。

「被害はそれだけでない」と言う小野さん。「心の被害が大きいです。放射能はあるのか、ないのか不安です。私たちは原発や放射能についての知識がありませんでした。原発事故が起きた後も情報はこない。私たち福島県民はモルモットになっているような気がします」。

安倍首相が原発再稼働や輸出を公言していることに反対です。「福島の思いを知るならばそんなことは絶対にできないと思います。安倍さんは福島に何度か来ているのに、私たち県民の思いは伝わっていない。人も花も放射能はいらないからです」。

（2014年6月21日付）

患者と地域に恩返し

石川町で整体院を開業　近内　幸雄さん

近内幸雄《こんないゆきお》さん（63歳）が1993年9月に福島県石川町《いしかわまち》で整体院を開業して20年が過ぎました。首都圏や関東一円から口コミの評判を聞いて通ってきてくれた患者が、東日本大震災と東京電力福島第1原発事故後は、激減しました。町にある約120年続いた石川家畜市場も、閉鎖に追い込まれました。原発事故後、価格が下落し、子牛の取引が激減したからです。

■野球選手の力

近内さんが整体師になったのは、福島県の高校野球の名門、学法石川高校のエースだったことからです。

近内さんが野球部に入部したころ、無名の同校を常勝チームに育てた柳沢泰典監督（故人）が就任。「苦しみの中に光あり。おまえたちを甲子園に連れて行くのが俺の役目だ」と指導しました。

3年生のとき、甲子園に向けた県予選大会の3回戦で敗退しました。「俺の力が足りなかった」と落胆する近内さんを、「おまえでないとここまでこられなかった」とねぎらってくれました。「人生観を変えた言葉でした。信用される仕事をしないといけない」と心に刻んだのです。

「裁判に勝って患者に恩返ししたい」と話す近内幸雄さん

オイルショックの後、勤めていた会社が倒産。新しい仕事を考えたときに、整体師になることを志しました。

肩を壊してプロ野球選手への夢をあきらめる仲間を見てきました。「肩を壊した野球部員が整体で楽になった例を見聞きしてきました。人に役立つ」と思い、専門学校で学び整体師の資格を取りました。

整体とカイロプラクティック、電気、マッサージなどを組み合わせた「誰もやっていないやり方」を研究しています。

「身体はその人の人生です。職業によっても具合の悪いところは違う。顔が違うようにツボも違います。探究心が大切です」

自民党国会議員の秘書を務めた経験もある近内さんですが、民主商工会に入りました。

■国監視する目

「3・11」の日は、須賀川《すかがわ》税務署での交渉が終わり「ラーメンを食べていた」ときでした。体験のない揺れを感じました。福島原発で働いていた高校時代の後輩から、携帯電話に連絡が入りました。「大変なことになる。すぐに避難したほうがいい。国の発表はウソばかりですよ」。

福島第1原発から南西に60キロも離れている石川町にも浪江町など沿岸部の人たちが避難してきました。体育館に避難した高齢者は、膝などの痛みを訴えました。マッサージなどの救援で避難所訪問に携わりました。

「こんな公害を認めるわけにはいかない」と「生業を返せ、地域を返せ！」福島原発訴訟の原告になりました。

「原発の再稼働はもってのほかです。国は事故があってもしょうがないという姿勢です。国を監視する目を養う必要があります。患者と地域に恩返しするためにも裁判に勝ちます」

（２０１４年６月23日付）

戦争中と同じ「疎開者」

福島市飯野町在住　阿部　良一さん

戦争体験のある阿部《あべ》良一《りよういち》さん（81歳、福島市飯野町《いいのまち》在住）は、アメリカの爆撃機「Ｂ29が攻めて来たように放射能が攻めてきた」と東京電力福島第1原発事故について感じています。

飯野町には全村避難となっている飯舘村《いいたてむら》の被災者たちが仮設住宅などで暮らしています。

１９４５年3月10日の東京大空襲のあったあと、「東京から飯野町まで疎開してくる人がありました。原発事故の後に浪江町など浜通りの人たち、さらに飯舘村の人たちが疎開（避難）してくる。まるで戦争中とおんなじです」と阿部さんは言います。

集団的自衛権行使容認はズルズルと戦争に巻き込まれると語る阿部良一さん

■シェルター作り

約40年前に福島県の沿岸部に原発建設が持ち上がったころに、「原発はぼっこわれる（壊れる）」と思った阿部さんは「反対の署名をした」そうです。原発建設が始まると防空壕のような「核シェルター」を自宅近くに作りました。「3・11」後の事態は「思っていたよりも早くぼっこわれた」と、危惧していたことが的中。幸い飯野町は放射線量が比較的低いこともあってシェルターを利用することはなかったものの「やりきれない思い」を強くしました。

阿部さんの家は、戦前から絹織物を作る織物工場を数人の従業員と営んでいました。阿武隈《あぶくま》山系の山間の町にとって養蚕は現金収入になる産業でした。

養蚕の最盛期には、東北本線松川駅を分岐点にして飯野町を通り「絹の里」の伊達郡川俣町《かわまたまち》をつなぐ12・2キロの旧国鉄川俣線が走っていました。絹製品を横浜港へ運ぶ輸送線でした。養蚕は、合成繊維糸の開発で衰退、「福島に行くときには利用した」川俣線も72年に廃止になりました。

「戦争中には鉄の供出のために織り機の鉄部分を軍に持っていかれた」と言います。

阿部家の工場は49年に再開。阿部さんが40代になるまで絹織物の生産をしてきました。「織機の維持管理、資材の搬入などの役割をしていた。桑畑が1町歩、田んぼが本家と合わせて9反歩あり、農作業と兼業だった」。

戦中、戦後の食糧難のときは何でも食べてきました。「食べられない、などと言ってはいられなかった。今は食べ物があっても放射能が心配で食べられない。野菜を作っても自信をもって作れない。娘にコメを送ってきたが、原発事故後は『要らない』というので送っていない」と言います。

■汚された「山河」

「やんない方がいい」と原発の再稼働に反対する阿部さん。「除染で出た廃棄物の処理ができない、汚染水の問題も解決できない。とんでもない事態が続いているのにこれ以上、全国に広げるような再稼働など許されない」と言います。

「戦争が終わったときには青年が頑張り、復興させないといけないと感じました。『国破れて山河あり』と励んだものの、今、原発事故で山河は放射能に汚されました。そのうえ集団的自衛権行使容認を策動するなど絶対に認められない」

（２０１４年６月26日付）

縫製工場の音消えて　東電「生活保護受けたら」と暴言

生業訴訟原告　菊池　康浩さん、母の初枝さん

福島県南相馬市原町《はらまち》区で縫製工場を営んできた菊池康浩《きくちやすひろ》さん（39歳）と、母の初枝《はつえ》さん（65歳）は、「生業を返せ、地域を返せ！」福島原発訴訟の原告に加わりました。「職人の腕をだめにされ、信用をなくされた、東電に償わせたい」一心です。

■わずか1キロの壁

縫製工場は、東京電力福島第1原発から21キロの地点にあります。20キロ圏外のために休業補償などの賠償が間もなく打ち切られる事態になります。わずか1キロの壁が立ちはだかっているのです。

原発事故後「服飾はお客さまの身に着けるものだから、福島には発注しない」と業者から言われました。婦人服や若い人の着る服を扱っているからです。

事故後、取引のあった業者や新規開拓のために１００社を超えるメーカーに営業をかけましたが断られました。「地震だけの被害だったならば仕事は続けられた」と、原発事故の特別な被害の深刻さを訴えます。

「東京電力とは何度も交渉しました。東電は、20キロ圏外を理由に賠償打ち切りは既定路線で

すと、変えようとしません」

康浩さんは、南相馬市の東電の賠償窓口で窮状を訴えたところ「生活保護を受けたらどうですか」と告げられました。東電補償相談センターのオペレーターの女性からも「生活保護」の受給を勧められたのです。

仮にそうするとなると、自宅も工場も手放して財産を全て失わなければなりません。「被害者がなぜ財産を失わなければならないのか」。怒りでいっぱいでした。康浩さんはうつ状態になり、体調を崩してしまいました。

原発事故から3年3カ月。ミシンの音は消え、「失望の3年だった」と康浩さんは感じています。一番のショックは「3号機の爆発があった日、宮城県の婚約者から別れを告げられ、破談になりました」。婚約者の女性は、原発事故のあった福島で暮らすことに躊躇《ちゅうちょ》してしまったのです。

（右から）菊池初枝さん、康浩さん、荒木市議、賠償させる会の荒木さん＝南相馬市

■仕事失い借金が

91歳になる元気だった祖母が、横浜市に2カ月避難したときから体調を崩しました。初枝さんは言います。

「別人のようになってしまいました。日常生活ができて、デイサービスにも行き一番元気でした。『楽しい』と言っていたおばあちゃんが入院する事態になったのです」

仕事を失い、借金が残りました。月6万円の住宅ローン、原発事故前に設備投資した中古ミシンのローン、地震で一部損壊となった自宅の修理費。賠償が打ち切られると収入が断たれます。

これまで東電とは一人で交渉してきました。民主商工会などの支援も受けて、「完全賠償をさせる会」に加入。生業訴訟の原告となり「国と東電の責任追及」に乗り出しました。

「原発推進した責任は国にもある。被災地に夢ももてない状況をつくった。再稼働など論外です」。康浩さんは、病気を治して、前を向こうとしています。

（2014年7月4日付）

勇気届ける一曲の歌声

歌うケアマネジャー　阿部　純さん

福島県郡山市の介護施設で介護支援専門員のケアマネジャーをしている阿部純《あべじゅん》さん（42歳）は「歌うケアマネ」と呼ばれています。

■全国に出かけて

仕事の傍ら、暮らしや仕事、原発事故などをテーマにした歌を作詞・作曲し、歌います。「話せば1時間はかかる福島の現実と実態が3曲の歌で表現できます」と、仕事を続けながら全国に出かけて歌声を響かせています。

両親は、ピアノやアコーディオンなどの生演奏に合わせてフォークソングなどを歌った「うたごえ運動」の中で結婚しました。両親の影響もあって阿部さんも小学、中学、高校、短大と合唱部に所属して歌い続けてきました。

「3・11」から3年4カ月余が過ぎて、「あの日以前の生活に戻れない悪夢が、福島では今も続いていますす」と振り返る阿部さん。「そんな福島で私たちは生きていると伝えたい」と、熱い思いで各地に出向いてコンサートを開いています。

大震災の日、長女の中学校の卒業式でした。施設に戻ると職場は大混乱していました。東京電力福島第1原発が爆発したことから、浪江町や双葉町などの沿岸部から被災者が郡山市などに避難してきました。勤務先の介護施設も定員をはるかに超える避難入所者であふれました。自らも被災、被ばくしながら、職員たちは働き続けました。日常生活をつづって阿部さんが作詞した「フクシマ人だから言えること」という歌があります。

♪避難する人　残る人　街から笑顔が減ったみたい

現実はあまりにも残酷で　どっちも辛い　辛いんです

人間らしく生きることと原発は相いれないと話す阿部純さん＝東京都北区

■エール送った歌

当時、中学を卒業する長女、小学校を卒業する次女、小学5年生に進級する三女がいた阿部さん。「子どもたちのクラスでは、避難する子どもたちとのお別れ会が毎月開かれました」。

阿部さんは「避難はいやだ。ここで高校生になろうね」と友達と誓った長女の思いを尊重して福島に残りました。

「いとしい娘（あなた）たちへ」は、そんなわが娘とすべての子どもたちにエールを送った歌です。

♪希望だらけのはずだった　私たちの新しい春は　大きく変わった　日本中が　悲しみ　迷っているけど　娘（あなた）たちは　選べるはず　娘（あなた）たちは　生きられるはず

２０１１年7月、東京・明治公園で開かれた原発ゼロをめざす緊急集会に出演。昨年は青森、京都、愛媛など全国各地を回りました。

「人間らしく生きることと、原発は相いれない」と考える阿部さん。長女が母と同じ介護職の仕事に就きました。

「原発事故前の福島の暮らしに返してほしい」。働き続けながら、歌い続けながら福島の今を発信し続けています。

（２０１４年7月14日付）

本当の空汚した国と東電

県勤労者山岳連盟理事長　村松　孝一さん

『智恵子抄』にある安達太良山《あだたらやま》の「ほんとうの青い空」が放射能で汚されました。福島原発事故は、福島の登山愛好者のホームゲレンデとする山を奪ったのです。

■放射線量を測定

夏山シーズンが本格化したものの、風評被害で登山客は減少したままです。

怒りを覚えた福島県の山仲間が、自然環境の回復の指標と安全な登山に役立てるために県下150の山を踏破して放射線量の測定を行い、ホームページ（閲覧できます）に掲載しました。冊子『放射線と登山道』もつくりました。

これには福島県勤労者山岳連盟の理事長を務める村松孝一《むらまつこういち》さん（63歳）ら山をこよなく愛する、のべ450人が参加しました。

東京電力福島第1原発が「爆発した後、日本勤労者山岳連盟から『どんな支援が必要か』と問われ、『放射線量を測定する線量計を支援してほしい』とお願いしたことからです」と経過を話す村松さん。「福島の山の魅力はハイカーからクライマーまで網羅できる山がそろっていることだ」と言います。

「ふるさとの山々に登山客が戻ってほしい」と願う村松孝一さん

冬でも雪がなくハイキングができる浜通りの阿武隈《あぶくま》山系、安達太良山など全国に知られる中通りの山、磐梯山《ばんだいさん》など奥深い山がある会津地方まで変化に富んだ山歩きが楽しめるのです。

原発事故により阿武隈山系の山々への入山が不可能になりました。「原発周辺の山は、ハイカーたちにも年間を通して登れる山でした。それができなくなってしまった。私たちのフィールドを汚されてしまった」。

旧国鉄（ＪＲ）の労働者だった村松さんが山登りを始めたのは、会津から仙台の車掌区に転勤になった35歳ごろのこと。職場の仲間から岩手県の早池峰《はやちね》への登山を誘われました。

「山の雄大さとその爽快さに魅せられた」と、山登りのとりこになりました。「月１～２回のペースで登りました」

41年間働いたＪＲを退職後は、「妻のやっている福祉事業を支えようと、介護タクシーの運転手やヘルパーの資格を取りました」。

■原発事故で一変

第2の人生として選んだ福祉の仕事は「生きがいだったし、趣味の登山も楽しめた」のですが、一変させたのが原発事故でした。

「国と東電とのたたかいに明け暮れる3年4カ月になった」と言います。「生業を返せ、地域を返せ！」福島原発訴訟原告団相双支部の支部長として活動しています。

「本当は漫画家になりたかった」という村松さん。原告たちの証言集『わが子へ、そして未来の日本の子どもたちへ～私たちが今、伝えておきたいこと』の表紙の絵を描きました。

「訴訟は重要な局面を迎えています。何としても原告を増やして、訴訟に勝ちたい。裁判長には、ぜひとも現地調査をしてもらいたい。実態をその目で見てもらいたい。そのためにも傍聴者と模擬裁判、報告集会などへの参加者を組織します」と語っています。（2014年7月18日付）

後悔しない生き方をする

健康運動指導士　池内　弥生さん

教師の経験もある健康運動指導士の池内《いけうち》弥生《やよい》さん（48歳）は、今年5月に埼玉県狭山市から福島県に移住してきました。「後悔しない生き方をしたい」と、福島に骨を埋めるつもりでいます。

3年4カ月前の東日本大震災の映像を見たとき、「あんなことをやりたい、こんなことをやりたいと思っていた、たくさんの命が消えていく」と、涙が止まりませんでした。「何かしなければならないという抑えることのできない衝動に襲われました」。

宮城県石巻市や福島県いわき市などで、支援活動に参加してきました。福島県以外では復興は進んでいるように感じられましたが、「福島は3年前のままで残されている」と思われました。「片手間でなく本格的に支援に携わるには仕事を手放さないとできない」と感じるように。

■別居して福島移住

中学校の保健体育の教師の後、特別支援学校に6年間勤めてきた池内さんの福島移住を、夫が「やりたいならばやれば」と、後押ししてくれました。別居しての福島移住でした。

健康運動指導士の仕事は、個人の心身の状態に応じて、安全で効果的な運動計画を作成して指導を行うことです。

「私のできることは体操を教えること」。池内さんが目標としていることは、福島の子どもたちに見られるバランスが取れない、転びやすく不器用、肥満気味といった状態を改善させることです。

「当たり前に作り、食べること、地元の野菜をいただけるのか」「外遊びや親子体操ができるのか」。放射能のことについて自分で見解を言えるように勉強をしていかないといけないと痛感している毎日です。

伊達市霊山町《りょうぜんまち》にある「りょうぜん里山がっこう」に所属し、12カ所の学童保育でスポーツ指導員として活動しています。「福島の子どもたちが東京オリンピックに出場できるようにしてあげたい」と、夢見ています。

■未来を育てる

池内さんは、小学生のとき不登校でした。学校が大嫌い。学校に行こうとすると熱が出たり、胃が痛くなりました。不安に感じた父親が朝、一緒にマラソンをしてくれました。学校での大会で3位に入賞。自信が持てて学校に行けるようになりました。

中学生のときは、担任の教師がバレーボール部の部長にしてくれました。「良いところを引き出すことのできるこういうおとなになりたい」と思いました。その後、教師になりました。

「福島に骨をうめたい」という池内弥生さん＝福島市で

福島原発事故は「40年間では終わらない負の遺産を残した」と考える池内さん。「今のおとなたちがやり残したことを引き継いでくれる子どもを育てたい」と思っています。「子どもを育てることは40年先の未来を育てること」と考えるからです。

原発事故の収束さえできていないなかで、再稼働や海外輸出の動きに絶対に許すわけにはいかないと思う池内さん。「人間の手に負えないものを動かすべきではありません。人間の命のほうが大切ですから」と安倍内閣の姿勢を批判します。

福島に移住して約3カ月。「自分のことを待ってくれている子どもたちと巡り合えた。幸せです」。

（2014年7月20日付）

話を聞いて、見てほしい

完全賠償をさせる福島県北の会事務局長　菅野　偉男さん

中学校の美術教師だった菅野偉男《かんのひでお》さん（74歳）は、「絵の力で福島の怒りを描けないだろうか」と思っています。東京電力福島第1原発事故の完全賠償をさせる福島県北の会事務局長として奔走する傍ら、個展を開くなど多忙です。

福島県北部の伊達市に住む菅野さん。原発事故が起きた直後の2011年9月、伊達地区の特産品のモモが大暴落しました。県北農民連が中心になり東京電力と直接交渉を繰り返してきました。

「たたかいをしないと東京電力のいいなりにされてしまう」と、12年4月に「完全賠償をさせる県北の会」を立ち上げました。

■東電対応に爆発

東電は、福島市、郡山市、いわき市など23市町村の住民に一律8万円の賠償額を示しました。「怒りは県民全体に広まった」といいます。

「深刻な被害を軽んじた東電の対応に怒りが爆発しました。完全賠償させるたたかいと裁判闘争の二本足でやる」決意を固めました。「生業を返せ、地域を返せ！」福島原発訴訟原告団福島支部の支部長も務めています。

１９４０年に中国で生まれた菅野さん。アメリカの爆撃機B29による空襲の体験をしています。予科練（少年航空兵）だった兄は、満州（中国東北部）に出征しソ連の捕虜になりシベリアに抑留されました。菅野さんは、46年に父親の実家があった福島に引き揚げてきました。

「絶対に勝訴する」と話す菅野偉男さん

小学校に入学した年に憲法と教育基本法が施行されました。「民主教育を受けた第1号の世代です。中学3年生のときの宿題は憲法全文を書いてこいということだった。平和、国民主権、基本的人権というものがどういうものなのか意識付けられた」と言います。

大学生のとき、日米安保条約改定に反対する戦後最大の国民闘争となった60年安保闘争や、謀略事件の松川事件の真相究明を求めた裁判闘争支援に遭遇しました。

「僕らは戦争体験を語ることができる最後の世代です。戦後民主主義の第一走者でもあった。再び戦争する国にする集団的自衛権行使容認には絶対反対だ」と強調します。

■全国から知恵を

「怒りの3年だった」と、「3・11」を思う菅野さんは、3つのたたかいの目標をたてています。

1つは、福島を風化させないこと。「話を聞いて、見てほしい。ツアーで見に来てほしい」。

2つは、原発ゼロ100万人署名を達成させること。「全国の支援をお願いします」。

3つは、大飯《おおい》原発再稼働差し止めを認めた福井地裁判決に勇気をもらい福島原発の廃炉を求めてたたかう。

「気力、体力が続く限り、やり遂げる」と話す菅野さん。「原発のない日本にする。安心して暮らせる元の福島にすることが第一です。アメリカや日本の支配層の利益追求から脱却しない限り福島を元に戻すことはできません。全国から知恵をもらって生業訴訟で完全勝利したい」。

（2014年7月21日付）

未来は変えられます

沖縄に避難した　久保田　美奈穂さん

福島原発事故で国と東京電力に原状回復と損害賠償を求めた「生業訴訟」の口頭弁論で、水戸市から沖縄県に避難した久保田美奈穂《くぼたみなほ》さん（35歳）は「放射性物質は県境で止まりはしないのです。県境を越えて被害は出ています」と陳述しました。

最近、茨城県のひたち海浜公園で毎時0・7マイクロシーベルトの高線量のホットスポットが見つかり、立ち入り禁止の措置がとられました。この事実は、久保田さんの証言を裏付けています。

久保田さんが沖縄県に避難したのは「県内に原発がない」ことでした。

「3・11」直後は「息子たちをできる限り被ばくさせないために必死の毎日でした」と久保田さん。栃木県に一時避難しました。「世界の終わりではないかと恐怖を覚えました。何をどうしていたのかさえも思い出せないほど混乱しました」。

■息子の健診結果

2012年10月の子どもたちの健康診断では、長男の甲状腺ホルモンの数値と、次男の肝機能の数値が高く、「要観察」の診断結果が出ました。

「子どもたちにとって何がベストなのか。毎日悩み、必死に生きた3年だった」と話す久保田さん。福島県とのかかわりは、夫との出会いのときからです。2人のデートスポットは福島県の名所などでした。

しかし、原発事故は、夫の尿からも放射性セシウムが検出されるなど「被ばくしたことは紛れもない事実」となりました。

夫婦の関係にも亀裂をもたらしました。子どもの命と健康を第一に考える久保田さんと、仕事の関係でどうしても水戸市の仕事場を去ることのできない夫との間にギクシャクしたすれ違いが

福島地裁前で訴える久保田美奈穂さん

生じました。「何度か離婚の危機もありました」と言います。

沖縄と水戸との二重生活は、年に3回、1回2日間だけ会う暮らしとなりました。「子どもの成長を一緒に喜んだり悩んだりできません。結婚の意味を考えさせられます」。

■生業訴訟は希望

久保田さんは、「生業訴訟は希望の裁判だ」と話します。裁判を通して国と東電の責任を追及し、1つは、子どもの健康診断や医療費の無料化などの制度化を図ること、2つ目に、避難生活を送る被災者を国が支援し、平穏で自由に暮らせる制度を確立することを願っています。

「被災地にとどまっている人も、避難した人も、福島県民も、他県の人たちも区別なく被害者救済がなされることを望んでいます」

だれ一人責任を取らず、原発事故の収束もしていないのに再稼働して国のエネルギー政策を推進しようとかじを取る安倍首相。「原発は人間の手に負えないものであることは知ったはずです。同じ過ちを繰り返さないでほしい。子どもたちにきれいで安心して暮らせる環境をバトンタッチしたい」。

命を産み育てる母の熱い思いは消せません。「過去は変えられませんが、未来は変えられます。原発ゼロまで福島とともにたたかいます」。

（2014年7月28日付）

原発と命どっちが重い

片平ジャージー自然牧場主　片平　芳夫さん

イギリス原産の乳用種ジャージー牛を自然放牧で育ててきた福島県相馬市の片平芳夫《かたひらよしお》さん（68歳）は、自然を相手に営む生業にとって「水と空気と大地を汚染されては、人間は本来生きていけないはずなのに」と言います。

東京電力福島第1原発の事故によってもたらされた「きわめて不条理で、非情ともいえる深刻な被害に激しい憤りを覚えている」と言います。

■客は半分以下に激減

片平さんは、27歳のときに脱サラして阿武隈山系の北部に位置する同市玉野《たまの》の山に単身入植しました。国土の7割以上を山が占める日本。その山を有効に活用するには、放牧利用しかないと確信し、狭い牛舎に閉じ込めて穀物を与える近代酪農よりも、山の自然をそのまま生かして環境に負荷をかけず、生態系を守る放牧酪農にこだわって40年間やってきました。

放牧できなくなった牧場の除染方法を研究する片平芳夫さん

片平さんは、酪農と合わせてジャージー牛の牛乳で作った手作りのアイスクリームやソフトクリームを作り販売してきました。濃厚な味は「峠のアイスクリーム店」と評判を呼び、県内外から求める人々が列をなしました。「原発事故後は風評被害などで、お客さまは半分以下に激減した」と嘆きます。

片平さんの牧場は、標高約５００メートルで、そのなかには石の多い約30度の急傾斜地もあります。当然このような所の牧草地も除染の対象地ですが、現在の除染方法は表土を剝ぎ取るか、反転させるか、土をうなう（耕す）かです。今直面している悩みは、こうした厳しい地形の農地の除染には、いまだに国の除染方法も定まっておらず、３年たってもいっこうに除染が進まないことです。

片平さんは、東京農大に牧場の一角を提供し、急傾斜地における牧草地の除染方法の実証試験に協力しています。道路ののり面緑化などで行われている「重層基材吹付工」を中心に、環境に与えるダメージをできるだけ少なくする除染方法を視野に入れつつ、土石流などの危険がある宅地の急斜面の裏山や、一部山林の除染にも応用できるのではないかと期待されています。

■一人ではたたかえない

「原発さえなければ」と書き残して命を絶った近くの酪農仲間の牧場の整理を手伝い、身に染みて人の命の重さを知った片平さん。「原発1基と人の命とどっちが重いか」と問いかけます。「俺は生きてがんばってみようと思います」と言います。「〝お金〟に偏重した現代の風潮に対して、かけがえのない命が何よりも大切であるといった価値観が広く浸透する社会にならなければいけない」と言います。

「国や東電と一人ではたたかえない」と「生業を返せ、地域を返せ！」福島原発訴訟の原告に加わりました。山では落ち葉などが積もって1センチの土ができるまで100年も年月がかかると言われています。「原発事故は自然を長期にわたって破壊し、地域社会から人を奪い、人々を分断し、再生不能にまでしてしまう悪質な犯罪とも呼べるものです」と語る片平さん。夢は諦めません。「山を拓く術を次世代の若い人たちにつなぐこと」と、遠い先を見つめています。

（2014年8月4日付）

原発・戦争とたたかう

生業訴訟原告団副代表　紺野　重秋さん

「生業を返せ、地域を返せ！」福島原発訴訟の原告団副代表を務める紺野《こんの》重秋《しげあき》さん（76歳）は、全町避難となった福島県浪江町から福島市内の借り上げ住宅に移り住み3年以上が過ぎました。

「3・11」後、福島市内の、あづま総合体育館で始まった避難生活は、猪苗代湖の民宿へと転々としました。体育館の劣悪な環境で体調を崩しました。体育館の汚れた空気とストレスでせきが止まらず、涙が流れ、呼吸困難となり病院に行く事態に。

心臓の悪い妻の体も心配でした。アパートをさがして2LDKの借り上げ住宅に避難したものの「部屋は狭く、物が置けない。追いだきのできない風呂。不自由です」。

■真っ先に原告に

浪江町の紺野さんの住まいは居住制限地域。今は、行き来はできるものの宿泊はできません。

「たびたび浪江の自宅に行って劣化しないように補修している」と言います。

この3年余は「無我夢中で避難者の救済と支援、賠償のために必死で国と東電とたたかってきた」と振り返ります。「自然豊かだった元の浪江町に戻せ」と、真っ先に原告になりました。

浪江町で1町5反の田んぼを耕し、米作りをしていました。農業だけでは暮らしは成り立ちません。自動車修理工場も営みました。避難してから福島市内に工場を再建すると、ちりぢりになった浪江町の顧客が訪ねてきて車の修理を依頼してくれました。

紺野さんは、福島県の沿岸部に東京電力の原発建設が始まった当初から建設反対運動に加わりました。町の多くは原発推進派。当時は町を歩くと「この〝アカ〟やろう」と罵声を浴びせられました。「あのときに裁判所が反対住民の訴えに耳を傾けていればこんなことにはならなかった」と、取り返しのつかない災禍をもたらした福島原発事故に悔しがります。

■逆戻りさせない

子どもの頃は養蚕が主でした。戦争中には東邦レーヨンの工場などに米軍機の機銃掃射が行われました。

叔父一家は満蒙開拓団として満州（中国東北部）に行きました。ソ連の参戦で叔父はシベリアに抑留されました。「戦争はあってはならない」と言います。

直接戦争体験のある最後の世代の紺野さん。「子や孫の代に戦争をするような国を引き継がせたくはない」と、集団的自衛権の行使容認に反対します。

「今たたかわずにいつたたかうのか」と決意を語る紺野重秋さん

「戦争をする国に逆戻りさせてはならない」と「憲法9条あってこそ70年近く戦争は起こらなかった」と言います。「今たたかわずにいつたたかうのか。歴史的には最先端のたたかいです。戦争は自然豊かな国土を壊します。原発事故も温暖な気候の浪江から住民を追い出し、海、山、川に放射能をばらまいた。原発即時ゼロ、集団的自衛権行使容認反対の2つを軸にたたかいます」。

（2014年8月18日付）

海を元に戻せと原告に

相馬市・底引き船元漁師　南部　浩一さん

福島県相馬市の底引き船の漁師だった南部浩一《なんぶこういち》さん（62歳）は、東京電力福島第1原発事故後、廃業しました。海が放射能で汚されたことを知り決断しました。

「水揚げできず、リースの漁船の維持も大変になってきて辞めることにした」。15歳のときに漁師になって以来、海の幸を求めて暮らしてきた生活に終止符を打ったのです。

漁師の家に生まれて5代目だった南部さん。10歳のときに父親が足を切断する事故に遭いました。船をつないである綱が足に絡まり、引きちぎられたのです。

■妻を奪った津波

将来は漁師を継ぐ覚悟はしていたものの、突然に早まった漁師業に戸惑いました。高校への進学を考えていたからです。3人きょうだいの長男。姉と弟には「好きなことをさせてあげてほしい」と高校へ進学させることを条件に漁師のあとを継ぐことにしました。

それまで船に乗ったこともありませんでした。「慣れるまで4カ月間は船酔いに悩まされた」といいます。とった魚を船上で選別して市場に出さなければ買ってもらえません。「魚の名前さえ知らなかった。先輩が魚を並べて教えてくれた。一から教わって一人前になれた」。

お見合い結婚。妻の富子さんが経理を担当して二人三脚で働きました。3人の子どもに恵まれました。福島県沿岸で水揚げされるカレイ、ヒラメ、メバル、カサゴ、タコ、コウナゴ、シラウオなど海産物は「常磐もの」と言われてブランドもので高く取引されてきました。「暮らしは安定していました」。

東日本大震災の大津波は、富子さんの命をのみ込みました。遺体が見つかったのは4月4日。「つらかったろう。人前では泣かなかったけれども一人になると泣いた。月命日には欠かさずに墓参りに行っている」。

自宅前で網の修理をする作業を見る南部浩一さん（左から2人目）

家は全壊。体育館での避難生活から仮設住宅に移り12月15日まで仮設で暮らしました。

「悲しんでばかりいられない」と、「わが家の復興」に取り掛かりました。自宅周辺の除染、自宅の改修、子どもたちの生活基盤の立て直しに取り組みました。

しかし、漁の再開は放射能汚染が影響して進みません。借金で買った船の返済もままならず、操業許可証を売却し廃業したのです。

■事故がなければ

「原発事故さえなければ、あと15年は漁師を続けられた。

日中一人になり家にいるとさびしい」と、心境を語る南部さん。「生業を返せ、地域を返せ！」福島原発訴訟の原告に加わりました。国と東電に原状回復を求めていることに共感したからです。「海を元に戻せ！」と思っています。海に出る夢を捨てていないからです。「魚の取れるポイントを知っているので釣り船を営業して太公望《たいこうぼう》に楽しんでもらうことが夢」です。

「海は除染できない。放射能は最終的には河川を通じて海に流れてくる。東電も汚染水を海に流そうと考えている。海はゴミ捨て場じゃない」

県内すべての原発の廃炉を主張する南部さんは、全国の原発の再稼働にも反対します。「人間がつくったものは必ず壊れる。危険なものをまた動かすなどとんでもないこと」

（２０１４年9月1日付）

豊かだった自然返せ

猟友会東白川支部会員　鈴木　達男さん

福島県矢祭町《やまつりまち》で猟友会東白川支部会員として猟をしてきて40年になる鈴木達男《すずきたつお》さん（71歳）は「豊かだった自然を元に戻してほしい」と「生業を返せ、地域を返せ！」福島原発訴訟の原告になりました。

■イノシシを汚染

東京電力福島第1原発事故後にイノシシの肉を検査すると、1キログラム当たり800ベクレルを超える数値の放射能が検出されました。福島県の調査では最高同2万ベクレルに達したものもありました。

イノシシの肉は、ぼたん鍋などとして流通。低カロリー、高タンパク質、ビタミンや鉄分が豊富なことから、近年は、フランス料理のジビエとして人気となっていました。「豚肉の倍の値段がついた」と言います。

山も川も元に戻せと訴える鈴木達男さん

鈴木さんの仕事は大工。建築業が主だったことから、イノシシ肉販売についての実績を示す資料は保存していませんでした。東電は、資料がないことを理由に賠償請求しても支払わないのです。

野生鳥獣は、保護、駆除、狩猟の適正化をはからないと生態系を破壊します。農作物被害を広げたりします。「イノシシは雪が苦手です。冬は温暖な浪江町や大熊町など沿岸部に移動した」と言います。

鈴木さんら猟友会は自治体からの要請で年間40頭近くイノシシなどの捕獲をしてきましたが、放射能汚染で食べられなくなり、猟をする人がいなくなりました。原発事故後は、イノシシの数が急激に増えました。

猟友会の先行きを心配しています。「高齢化で行動力が弱っています。猟は一人ではできない。10人ほどで組を作ってイノシシを包囲して捕獲します。人手が足りません」。

■天然アユは禁漁

放射能は川も汚しました。矢祭町を流れる清流久慈川《くじがわ》のアユやヤマメが汚染されました。「釣りは1年間自粛になりました。その後は放流したアユは釣ることが可能ですが、天然アユは今も禁漁です」。

天然アユは、下あごにある水圧や水流の変化を感じとるための器官の下顎側線孔《かがくそくせんこう》が左右対称に4個整然と並んでいます。放流したものは左右対称でなかったり、数が違っていたりして見分けられます。「釣り人はみんな知っていますから、天然ものは釣ったその場で川に逃がします」。

福島県の中通りの最南端に位置する矢祭町。福島第1原発から約80キロ離れています。「福島県のどの地域も安心して暮らせるところはなくなりました。『放射能、放射能』と脅かされて過ごした3年半」と振り返る鈴木さん。

「国民だけが責任を押し付けられている。山や川の自然の恵みを糧にして暮らしている者への賠償は無視されています。やったことに責任を取れと言いたい。自然と共存して生きていくためには完全に原状に戻させないとだめです」

（2014年9月10日付）

事故の記録、詩で語り継ぐ

二本松市・『安達太良のあおい空』出版　あらお　しゅんすけさん

安心して　空気を吸って／安心して　食べ物を食べて／安心して　子育てをして／安心して
眠る／二〇一一年に　気がつきました／それが　どんなに幸せなことだったのか

■国と東電を告発

福島県二本松市に住む、あらおしゅんすけさん（72歳）の詩です。詩集『安達太良《あだたら》のあおい空』を出版（山猫軒書房）。「客観的にどういうことが起きたのか伝えたかった」と、硬質な言葉で原発事故を起こした国と東京電力を告発しています。

日本自費出版文化賞部門賞を9月3日、受賞しました。自費出版に光をあて功績をたたえることを目的に、日本グラフィックサービス工業会に属する中小印刷会社が設立した日本自費出版ネットワークが設けたものです。

「学習」と題する詩の一節では「掴《つか》んでいる情報も　リスクも開示せず／なすすべも無い　事業者と国／『直ちに健康に影響はない』と　くりかえす国／村民まるごと　一ヶ月も　平気で被《ひ》曝《ばく》させる国」と、国と東電を断罪しています。

あらおさんは群馬県生まれ。岩手大学農学部獣医学科を卒業。乳業メーカー、福島の農業団体

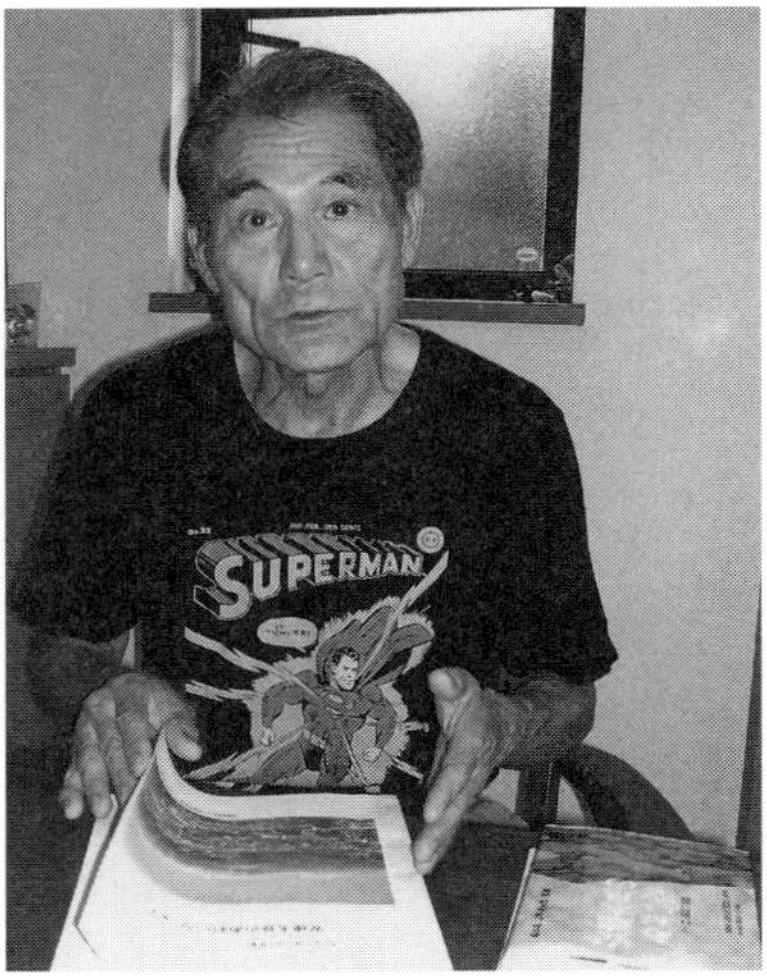
詩集『安達太良のあおい空』を出版したあらおしゅんすけさん

で勤務獣医技術者として酪農に携わってきました。

「にわか詩人」を自称、「3・11」の前には詩を書いたことはありませんでした。原発事故を体験して「福島の記録」を残す必要性を痛感、「長い文章よりも短く伝える詩」の方法が多くの人に伝わるのではないかと書き始めました。

物言わぬ動物に代わって観察して病気の治療に当たる獣医師。その経験が「被災者の立場を思いやる想像力を働かせることができたかも」といいます。

「国がらみの犯罪に黙っていられない」と「生業を返せ、地域を返せ！」福島原発訴訟の原告に加わりました。

あらおさんの自宅室内の放射線量は今も毎時0・2マイクロシーベルト。近くを流れる川の河川敷は1マイクロシーベルト、自宅隣のやぶ地は0・64マイクロシーベルトあります。福島県中通りは今も低線量被ばくが続いています。

「安達太良山や阿武隈山地を望みながら小さな畑を耕したり、散歩したり、そんな穏やかな老後が続く」と思っていた人生が一変。「世の中、理不尽で、矛盾に満ちて、欲望にあふれている。

見たくもないところを見てしまいました」と、「3・11」からの3年半を振り返ります。

■勇気をもらって

一方、「世の中、捨てたものではないなあということも発見した」といいます。「志を同じにする人がたくさんいることに気づかされました。被災者に寄り添っている人と知り合えました。こうした出会いは、『3・11』後のこれからを生きる勇気をもらいました。人生が豊かになりました」と、感じています。

「あだたら山　安達太良山よ　大いなる山よ　母なる山よ」とうたう、あらおさん。「第二の故郷」福島をこよなく愛しています。「福島の真実を被災者として命尽きるまで語り継いでいきます。収束などしていません。福島に足を運び自らの目で見てください」。

（2014年9月12日付）

被災者の目線わすれず

いわき市民訴訟原告団事務局員　菅家　新さん

元の生活をかえせ・原発事故被害いわき市民訴訟原告団（伊東達也団長）の事務局員を務める菅家《かんけ》新《あらた》さん（63歳）は、大詰めを迎えている訴訟の完全勝利に向けて多忙な毎日です。

南会津町《みなみあいづまち》の専業農家の長男として生まれた菅家さんは、農業を継ぐ覚悟でしたが、国の減反政策のなかで「農家では食べていけない」ことを悟りました。教師を志し、大学で数学を学び、卒業後、千葉県で教師になり、その後、郷里の福島県で高校の数学教師に。

「3・11」は「高校入試の判定会の日に遭遇」、生徒と教師仲間の安全確認など、混乱の中で生活し、次の年の3月で定年を迎えました。

■多忙な日々が

定年後は一服する間もなく、ふくしま復興共同センターの設置、原発事故の完全賠償をさせる会の設立と多くの仲間とともに奔走しました。

粘り強く交渉するものの加害責任を果たそうとしない東京電力。2013年3月、国と東京電力に慰謝料と原状回復を求めて裁判を起こしました。一律25万円の慰謝料、妊婦には追加25万円、継続的慰謝料として月々、おとな3万円、子ども8万円、空間放射能が毎時0・04マイクロシーベルト以下になり、福島第1原発が廃炉になるまで支払うことを求めて822人の市民とともに提訴しました。現在は第2次を含めて1395人が原告です。

原発事故は、「現役のときより忙しい日々」を菅家さんに求めてきました。「こんなに忙しくなるとは予想もつかなかった。あっという間に3年半は過ぎた」と言います。

被災者の生活相談から始まった支援活動。夏すぎのころから「相談の内容が変わってきた」といいます。当初は、「仕事がない、家族がバラバラになってしまった」といった相談でしたが、それからは「自分の生き方が問われる相談が多くなった」そうです。故郷を奪われ足場を失った避難者、原発労働者の待遇と安全確保にかかわる相談――。「一瞬一瞬、緊張感ある対応が必要だった」と振り返ります。

■自問しながら

「教師のときに心がけたことは子どもの目線で話を聞く」ことでした。「その体験は被災者支援にもいきていて、被災者の目線に立った支援」に心がけています。「いわき市にともに生活する意識づくりが大切だ」とも感じています。

「避難者に寄り添った支援」を心がける菅家新さん

ボランティアで仮設住宅に支援物資を届けたときでした。被災者から提起されたことがありました。「無料で配ることはやめてほしい。施しは受けたくない」といわれました。「避難者をどう見るのかが問われました。『してあげている』というおごりはないだろうか?」。自問しながら活動しています。

大飯原発の再稼働を認めない福井地裁判決、川俣町山木屋地区の避難者の自殺と原発事故との因果関係を認めた福島地裁判決と、原発被害者を励ます司法判断が相次ぎました。

「裁判所にもきちっと分かってくれる人もいると

激励されました。いわき市民訴訟をきちっとやり遂げることと、原発労働者を励まし、改善を図るたたかいは、いわき市民が中心のとりくみとなります。引き続き力を入れていきます」

（2014年9月15日付）

継ぐ息子のためにも収束を

生業訴訟で東電を訴えた林業者　筑井　誠さん、百合子さん夫妻

福島県猪苗代町《いなわしろまち》で林業を営む筑井《ちくい》誠《まこと》さん（61歳）、百合子《ゆりこ》さん（57歳）夫妻は「原発事故の完全収束に責任を果たせ」と、国と東京電力に求めています。

「生業を返せ、地域を返せ！」福島原発訴訟に、結婚したばかりの次男の大介さん（28歳）、妻の里奈さん（29歳）と家族4人で原告に加わりました。山が放射能で汚染されたことは「死活にかかわる」事態になったからです。

■売れなくなり

「原発事故後に樹皮を検査すると8000ベクレルにも達した木材もあった」と言います。郡山市湖南町《こなんまち》の自分の山林から取った樹皮は648ベクレルでした。

筑井さんが伐採するのは、いずれも福島県内の山々です。県外の材木を切り出すことになると「コストが高くなり、輸入木材に太刀打ちができません。採算が合わなくなる」からです。

3年半前の「3・11」のとき筑井さん親子は、福島県田村市都路《みやこじ》で作業中でした。激しい揺れで、ユンボなど大型機械を現場に放置したまま避難しました。その後、仕事現場は、立ち入り禁止となり仕事は中断しました。

2012年になると「福島県産のものは要らない」と、売れなくなりました。

「家を建てるのは一生に一度。放射能に汚染された材料は使われなくなりました」

筑井さんが林業をすることになったのは25歳のときでした。「この地域では冬場は出稼ぎに行っていた。高浜原発などで2年間働いたこともあった。出稼ぎに行かずに地元で1年間働けるようにと林業をすることにした」と言います。

35年間働いてきて「売り上げも上がってきたときに原発事故。廃業した仲間もいます」。趣味で猪苗代湖のフナ、コイ、ハヤなどを釣って楽しんできました。しかし、事故後は淡水魚を食べることも禁止されています。

昔の自然に戻してと訴える筑井さん夫妻

■測定して伐採

山には親子で入る筑井さん。大介さんが林業を継いでくれました。「伐採するときに粉塵が飛びます。防塵マスクをすると夏場は暑くて仕事にならない。放射能に汚染した木くずを吸い込むのではないかと心配。息子には伐採作業はさせない」と、健康被害を心配しています。誠さんは言います。「息子が後継者としてやると言っているので、一日でも早く原発事故は完全に収束させてほしい」。

「東電に怒りだらけです」と話す百合子さん。「目に見えないものにおびえながら生活しています。息子は結婚したばかりです。子どもをもうけて孫ができたならば、孫が健康で丈夫に育ってほしいと願っています。仕事場としている山が放射能で汚染されたままでは安心できません」。

雪の深い会津地方では冬場は伐採の仕事は困難。福島県中通りで放射線量を測定したうえで伐採しています。「場所を選ばないでできるように早くなってほしい」。（２０１４年9月22日付）

町民の命守り不眠不休

元浪江診療所看護師　今野　千代さん

福島市内の借り上げ住宅で避難生活を送る浪江町出身の今野千代《こんのちよ》さん（62歳）は、震災後に兄と母を相次いで亡くしました。１年間は遺骨を埋葬することもできませんでした。「この3年半、無我夢中で生きてきた」と言います。

■「資格が必要だ」

今野さんは１９７４年から昨年3月まで39年間、看護師をしてきました。女性が自立して生きていくためには「資格が必要だ」と、看護師の資格を取りました。「母も看護師だった」ことも後押ししました。

岩代町《いわしろまち》（現二本松市）で生まれ、小学2年生のとき、浪江町に。東日本大震災と東京電力福島第1原発事故から定年退職するまでの2年間は、「野戦病院のような状況だった」浪江町立国民健康保険津島診療所で働きました。

「3・11」後、人口約1500人の津島地区に、沿岸部から約8000人が押し寄せてきて避難を始めました。診療所には、体調を崩した患者、薬を切らした人など通常の8倍、300人を超える人たちが200~300メートルもの列をつくりました。

今野千代さん

診療所の患者さん以外も来診。カルテもない初診者が多く、薬の名前も分かりませんでした。「どんな薬」と聞いても「白い薬」「赤い薬」と明確な答えがなく混乱に混乱を重ねました。

今野さんは、所長の関根俊二医師や同僚とともに診療所に寝泊まりして診察と看護に当たりました。〝命の灯台〟として次々と診療所には助けを求めて被災者が訪れたのです。

「このままだと命を落としてしまう」。どの避難所も高齢者や介護を必要とする人でごった返していました。

浪江町は、全町避難となり、診療活動も避難者たちと避難先に移動しました。仮設住宅ができると、そこに診療所を開設し、避難町民の健康と命を守るために不眠不休で働きました。

■「再稼働は論外」

「バラバラになった町の人たちは、浪江町の開業医の先生たちも診療所で診ることになり、今まで診てもらっていた先生の当番の日に県外の避難先からも来ました。話を聞いてもらっただけで安心する患者さんもたくさんいました」と振り返ります。「関根先生や同僚と一緒に15年間やってきました。患者さんが元気になってくれることがうれしい」。

津島地区に長くとどまった関根医師の放射線量は800マイクロシーベルトにもなりました。当然、行動をともにしてきた今野さんたちの放射線量も同程度に被ばくしたものと思われます。

看護師の仕事を退いた今野さんは、「津島の人たちと話をしたい」と再会の機会を楽しみにしています。

「一緒に津島に帰りたい」。一時帰宅するたびに感じます。「自分の町、自分の家に帰るのに検問を受けなければならない。なぜなの。つらいです。理不尽です」。

妹夫妻が川俣町山木屋でやっているトルコキキョウの栽培を手伝っています。

「安倍首相は、浪江町民が原発事故でどんなにつらいことを体験したか知っているのでしょうか。今も先が見えずに眠れない日が続いています。また同じことが起きたらどうするのですか。

原発再稼働など論外です」

（２０１４年9月23日付）

被害補償法制定めざす

いわき市民訴訟原告団副団長　佐藤　三男さん

「三男《みつお》先生」と呼ばれて慕われてきた福島県いわき市の佐藤三男《さとうみつお》さん（70歳）は、小学校の教師を38年間務めました。「子どもたちを再び戦場に送らない」と、戦後民主教育の先頭に立ってきました。

「子どもたちに放射能被害の原発はいらない」と、元の生活を返せ・いわき市民訴訟原告団副団長の重責を担っています。

男3人、女6人きょうだいの末っ子。家は鍛冶屋でしたが、トラクターなどの普及によって、クワ、ナタ、カマなど農機具が売れなくなり鍛冶屋の出番が少なくなりました。「貧乏でした」。

■学級通信を毎日

「一人ぐらいは大学を出ていなければ」との親の思いで、福島大学学芸学部（のち教育学部）に入学。「全日本学生寮自治会連合で、寮生の生活と権利を守るたたかいに身をおきました。大学1年生のときに、福島県で起きた謀略・松川事件の勝利判決がありました」。

会津若松市の分校で教師になり、「30人学級の実現、子どもと保護者とどう結びつくか」と心

「子どもの将来のためにも原発即時ゼロ」と訴える佐藤三男さん

を砕きました。その一つが学級通信「わくわく」の毎日発行でした。学級通信にはこんな反響が――。

「息子は学校のことをいきいきと話してくれるようになりました。先生を通してのいろいろな出来事が新鮮な驚きやうれしさを伴っていたのだと思います」

「三男先生の頑張りが見えているから私も毎日『わくわく』に感想を書かせていただきました。時には主人が、祖母が、おかげで自然に娘と向き合うことができました」

生徒を引率した年1回の登山、父親を対象にした「飲み会」の開催などで、子どもの家庭の事情を知るために努力しました。

教師の体験は、東京電力福島第1原発事故で「低線量下での子どもの将来がどうなっていくのか心配になった」と、退職後も子どもへ思いを寄せることになりました。

２０１１年４月、復興・復旧をめざす浜通り復興センターの立ち上げ、同12月、原発事故の完全賠償させる会結成。東電との直接交渉と国への要請行動に取り組みました。ねばり強い交渉の後に13年1月、いわき市民訴訟原告団結成。同3月に国と東電に原状回復と損害賠償を求めて提訴しました。

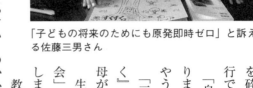

「原発事故で人生が変わりました。定年後は、好きな写真撮影、登山、スキーなど楽しくやろうと考えていました。ところが『原発ゼロ』の活動が最優先となりました」と3年半を振り返ります。いわき市民訴訟には子どもの原告が222人加わっています。

■全国と連帯して

12年から全国公害総行動実行委員会に参加してきました。「今年の東電・政府交渉では進行役をつとめましたが、東電も、国も、加害意識のないことに怒りを覚えました。公害総行動の中では、戦後最大の公害という位置づけがあり、視野が広くなりました。全国と連帯してたたかえます」。

「賠償させればそれでおしまいではない」と言います。勝利判決を取って「福島原発事故被害補償法の制定、補償基金の創設までたたかいとる」。

（2014年10月6日付）

若者の夢かなうように

いわき市民訴訟原告　阿部　節子さん

福島県いわき市の阿部節子《あべせつこ》さん（58歳）の長男（27歳）は、2009年に脱サラし、いわき市に戻り農業を始めました。長男は、新規就農支援事業を活用して仲間5人と有機栽培に挑戦しました。アスパラ、ソラマメ、パプリカ、スナップエンドウなど、10棟のハウスを借りて栽培しました。

■厳しい基準で栽培

販路も無農薬の農産物販売をしている「らでぃっしゅぼうや」と契約。①減農薬、②土壌消毒はしない、③除草剤は使わない、④有機堆肥を使う、⑤自家食用と同じものを出荷する――という厳しい基準で栽培した野菜を作っていました。

東京電力福島第1原発事故は、そんな矢先に起きました。5人のリーダーになっていた女性が「福島という名では買ってもらえない」と、いわき市を去りました。幼稚園児と生まれたばかりの子を持つ夫婦が続いて辞めていきました。長男も今年6月までは頑張っていましたが、農業をあきらめました。

阿部さんは言います。「一生懸命にやっていたのに、原発事故は若い人たちの夢を奪った。私たちおとなの子どもたちに対する責任を果たすためにも、国と東電に責任を取らせたい」。いわき市民訴訟の原告に加わったのです。

大震災が起き、新婦人いわき支部の事務局長を務める阿部さんは、一人暮らしの高齢者などの安否確認に忙殺されました。事務所は全壊。会員の8割は県外に避難しました。

少しずつ、いわき市に戻ってきてはいますが「3年7カ月がたっても1割の人は戻っていません」。二百数十人いた会員も200人を切る事態に。

大変な葛藤の中で避難を実行した人、避難したくてもできなかった人――。いわき市に残った人たちは「心の重み」を感じて暮らしています。「3年7カ月前の出来事をみんなが鮮明に覚えています。『あの時、私はこうだった』と語り、原発事故の放射線被ばくを心配しています。事故は収束などしていません」。

それにもかかわらず福島のことが忘れられていると、阿部さんは言います。「安倍首相は〝再稼働はする、海外には輸出する〟と福島の事故がなかったがごとく振る舞っています」。

■新しい流れ感じて

そんな中で川俣町から避難を強いられて自殺した女性の遺族が損害賠償を求めた裁判で、自殺と原発事故との因果関係を認めた判決が出ました。「私たちを励ましてくれた」と新しい流れを感じています。

「放射能汚染というとんでもないものを背負わされ、それに立ち向かって行動した3年7カ月でした。再稼働は絶対に許せません。このいわきの地を愛しているからこそ、原発即時ゼロ、県内10基の廃炉、医療費保障などを実現させていきたい。若者の夢がかなえられる、いわきにしたい」と決意しています。

（2014年10月13日付）

「国と東電に責任を取らせたい」と話す阿部節子さん

原発事故の悲惨さ描く

画家、福島県展入選　西　啓太郎さん

福島県相馬市の画家、西啓太郎《にしけいたろう》さん（78歳）は、東北地方に伝わる鹿踊《ししおど》りなどの民俗芸能や農家の暮らしを描いてきました。それが「3・11」後は、「原発事故」をテーマにしたものに変わりました。

■「作風を変えた」

原発事故直後に相馬市玉野地区の酪農家を訪ねたときです。乳牛を処分しなければならない悲しみと怒りを聞きとり、大きな衝撃を受けました。

「東電許せない！　心に感じている原発事故の悲惨さを描きたい」。そう思ったことから「作風を変えた」のです。

「3・11」後の3年間、福島県総合美術展覧会（県展）の洋画の部に出展した作品は、いずれも入選しました。

2012年の「Kizuna」は、津波で陸まで打ち上げられた浪江町の請戸港の船の前で寄り添う家族を描いています。昨年の「牛と少女」は、爆発した東京電力福島第1原発の建屋を遠景に置き、横たわる牛と少女を描きました。

今年の作品の「命」は、アップした牛の瞳から大粒の涙がこぼれ落ちる瞬間を描いています。「動物は生きているものの象徴です。動物への哀れみを通じて原発を告発したい」。

西さんは、戦争体験のある最後の世代。3歳のときに父親は中国戦線で南京大虐殺にかかわりました。マラリアにかかり帰国。仙台にあった陸軍病院で戦病死しました。

「仙台空襲のことが記憶に残っています。たくさんの人が焼死したのを見ています。南相馬市の母親の実家に疎開し、食べ物が無くてひもじかった。小学校の軍事教練の時にはビンタを受けた」と話します。

作品の前で語る西啓太郎さん

■訴訟団に加わり

小中学生のころから「絵が上手」と言われ、「高校では美術部で活動しました」。東京の多摩美術大学に進学し、洋画を学びました。卒業後、中学校の美術教師を定年まで務めました。

西さんが住む相馬市は、福島原発の立地する沿岸部に位置しながら、除染を自主的にいち早く個人でやった人には何も費用が支払われていません。避難者が暮らす仮設住宅などを訪ねて救援物資などを届けました。

「仮設住宅は劣悪です。人間らしく暮らす場ではありません。原発の被害救済はどうなっていくのかなあと不信感を募らせました。黙っているわけにはいかない」と、「生業を返せ、地域を返せ!」福島原発訴訟原告団に加わりました。

原発再稼働や集団的自衛権行使容認の閣議決定など、安倍内閣の暴走に危機感を持っています。「今回の原発事故は、原発が『安全だ』という保障がないことを証明しました。原発即時ゼロ、戦争反対です。国の役割は国民の命を守ることです。集団的自衛権行使容認の閣議決定が法制化されたならば怖い。徴兵制になる。戦争の惨めさを知っているから反対です」

(2014年10月20日付)

障害者どこに逃げるの

生業訴訟原告　菊地　由美子さん

福島県相馬市の菊地由美子《きくちゆみこ》さん(40歳)は、国と東京電力に原状回復と損害賠償を求めた生業訴訟に加わった唯一の精神障害者の原告です。

■勉強して訴訟に

「しんぶん赤旗」の記事に、生業訴訟のことや説明会の案内が載っていました。自ら勉強して原発即時ゼロ、再稼働反対の生業訴訟に参加しました。相馬新地・原発事故の全面賠償をさせる会にも加入しています。

菊地さんは、「一般社団法人ひまわりの家」のグループホームで暮らしています。ひまわりの家は、精神、知的、身体の障害のある人々が、地域の中で普通に暮らせる福祉社会の実現と、すべての人々がともに生きる社会づくりをめざしています。

「どこに逃げればいいの。逃げる場所がなければ逃げられない」。菊地さんは、いったん原発事故が起きたならば避難先が確保できないと、行政からも置き去りにされかねないことに不安を感じていました。

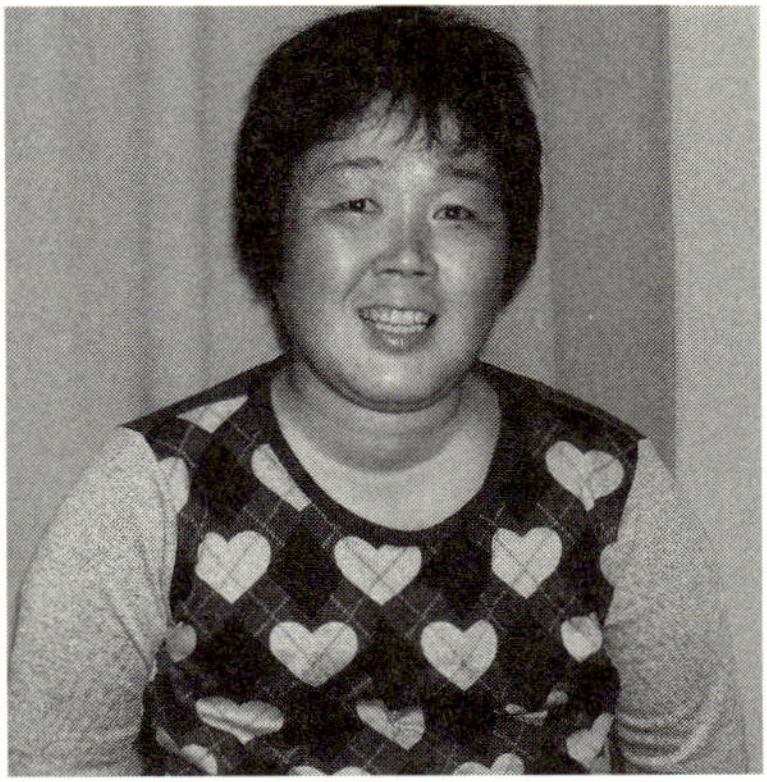
「きれいな海に戻して」と訴える菊地由美子さん

東電福島第1原発から約30キロから50キロ近く離れている相馬市は、避難指示は出ませんでした。ひまわりの家は、避難する事態とはなりませんでした。浪江町、双葉町など避難区域内にあった施設に通っていた障害者がひまわりの家に避難してきました。

菊地さんは、福島原発事故でのこうした体験から、安倍首相が原発の再稼働や海外輸出を推進しようとしていることには「絶対反対。全国の原発をなくしてほしい」と考えています。

東日本大震災と福島第1原発事故が起きてからの3年7カ月は「つらい気持ちの日々だった」。

■明るく生きたい

自宅は相馬市の海岸に近い場所でした。相馬市を襲った津波の高さは9・3メートル。自宅にいた両親と姉、祖母をのみこみました。菊地さんは、ひまわりの家にいて無事でした。

建設会社で働いていた父親は「仕事熱心で厳しかった」と言います。

「お姉ちゃんが最初に見つかった。しばらくしてからお母ちゃん、お父ちゃん、おばあちゃんも見つかりました。同級生もたくさん亡くなった」。相馬市の大震災での死亡者は480人を超えています。

ひまわりの家で暮らして8年になる菊地さんは、「明るく生きていきたい」「友だちが一番大事です」といいます。「人間関係で合う人と合わない人がいます。うまく回っていくためにも仲良くしたいです」。

作業所ではメール便の配達業務や施設の掃除などの仕事をしています。

相馬沖でとれるカツオが大好物という菊地さん。試験操業が始まったものの、相馬沖でとれた魚介類を食べることができません。

「浜通りを元に戻してほしいです。常磐線が走れないところが残っています。電車が走れるようにしてください。おいしい魚が食べられるようにきれいな海に戻してほしい」

(2014年10月27日付)

有機農業に人生ささげ

いわき市民訴訟原告　東山　広幸さん

福島県いわき市の中山間地で米と、50を超える多種類の野菜を栽培する有機農業者の東山広幸《ひがしやまひろゆき》さん（53歳）は、「人の命を支えるための生産に人生をささげ」てきました。

■大学で生物物理

東京電力福島第1原発事故は、東山さんの信条を根底から壊す出来事でした。「広範囲な土地を汚染し、有機農業者の誇りとともに、生活の基盤を根底から崩してしまった」からです。

東北大学と同大学院で生物物理学を学んだ東山さん。原発事故後、その専門知識を生かして放射能汚染への対処策、農産物が放射性物質を取り込むメカニズムなどを消費者に説明してきました。必要以上の心配を少しずつ払拭してもらい、「7割以上のお得意さんに継続して買ってもらえました」。

原発事故からの3年7カ月は「自分の力が試された日々だった」といいます。「普通の農家では放射能汚染には対処できない。生物学、化学、物理学、地質学など複数の特質を合わせ持つ科学のオールラウンダーでないとやっていけない」と痛感させられました。

風評被害は東山さんの暮らしに打撃をあたえました。「もともとぎりぎりの収入でやってきたために、今は貯金を取り崩してなんとか生活している状態だ」といいます。

北海道出身の東山さんが、いわき市で農業を始めたのは、「しんぶん赤旗」の「若いこだま」欄に農業をする土地を探していることを投稿したことがきっかけでした。

早速、情報が寄せられて、移住が決まったのです。

「大学生のときから原発建設には反対だった」と言います。「事故が起きたらどうするの」「放射性物質をどこに廃棄するの」など根本的な疑問がたくさんあったからです。

大学の授業のなかで、放射能防御についての講義と実習がありました。「防御の作業は大変でした。原発作業員の苦難は想像を絶するものだと思う」と、懸念しています。

米のでき具合を見る東山広幸さん

50アールの田んぼと70アールの畑を耕す東山さん。放射性物質は検出されていません。お薦め作物は、第一にサトイモ、次いでタマネギ、グリーンピースの3つを挙げました。消費者からも人気で、「タマネギは生で食べられます。果物感覚です」と太鼓判を押します。

■安全と味のよさ

農協やスーパーなどにはいっさい出荷せず、自分で宅配しています。口コミで広がり、10種類以上の季節の野菜をコンテナに詰めて販売しています。「安全は前提です。有機農業は味が一番です。うまければ買ってもらえます」と秘訣を語ります。

「おいしい野菜を育てるには肥料が重要です」と、魚粉と米ぬかを使っています。「魚粉はアミノ酸が豊富でおいしい野菜を育てます。米ぬかは健康的な野菜を作ります」。

「今年の福島産米は60キロで仮渡し金で約７０００円。怒り心頭です。原発事故は安全性への信頼をなくしてしまった。打撃は大きく悲惨です。東電を許しておけない」と、いわき市民訴訟の原告に加わりました。

「原発と決別せよ！　というのは当たり前のことです。子や孫に恨まれない仕事をしたい」

（２０１４年11月５日付）

あとがき

福島県民は、今でも12万人以上が避難生活を強いられ、そのうち福島県から県外の全国47都道府県に避難した人は4万5000人を超えています。

東京電力福島第1原発事故直後はニュース報道に追われました。その中で、百人百様の避難者の負った心の傷を丁寧に汲み取ろうと始めたのが連載「福島に生きる」（2012年10月8日付〜）です。

2012年11月のころ、全町避難となっている福島県浪江町民の一時帰宅が認められたときでした。避難者たちは、田村市の施設に集合し防護服に着替えて浪江町に短時間入り、また戻ってくるという日程でした。

「花だけ手向けてきました。原発事故さえなかったら……」と、泣きはらして一時帰宅の感想を話したのが渡辺昭子さん（当時62歳）でした。一人息子の潤也《じゅんや》さんの行方を捜していました。潤也さんは、町の消防団員として住民の避難誘導にあたっていて行方が分からないのでした。浪江町請戸地区は原発事故直後から立ち入り禁止になりました。渡辺さんは、行方が分からない息子を探すこともできなかったのです。3年8カ月過ぎても息子は行方不明のままです。

相馬双葉漁協請戸支所長だった漁師の叶谷守久さんも津波で妻を亡くしました。行方不明の妻の捜索もできぬまま遺体が発見されたのは捜索隊が立ち入り可能になった1カ月後でした。原発事故が捜索を妨げたのです。「すぐに救助活動ができたならば助かった命はあった」と悔やみます。

福島県民の負っている物心両面の被害、損害は現在も進行中です。時間が経過するなかでいっそう複雑で困難な課題が見えてきます。そこを乗り越えてどう生きるのか？　模索しています。私たちはこれからも福島の人々と共に生き、その思いを伝え、原発ゼロを実現するために取材を続けます。

本書は紙幅の都合上２０１４年11月５日付までの収録許諾のいただけた記事をまとめています。この間に亡くなった方もいますが、年齢等は掲載時のままとしました。改めて取材に協力してくださった方々に御礼を申し上げます。

「南相馬で〝農業踏ん張る〟」は福島県記者の野崎勇雄《のざきいさお》が担当、その他はすべて菅野尚夫《すがのひさお》が担当しました。

２０１４年12月　しんぶん赤旗社会部　菅野　尚夫

原発《げんぱつ》ゼロへ 福島《ふくしま》に生《い》きる

2015年 1月25日 初 版

著 者 しんぶん赤旗社会部
発行者 田 所 稔

郵便番号 151-0051 東京都渋谷区千駄ヶ谷 4-25-6
発行所 株式会社 新日本出版社
電話 03（3423）8402（営業）
03（3423）9323（編集）
info@shinnihon-net.co.jp
www.shinnihon-net.co.jp
振替番号 00130-0-13681
印刷 亨有堂印刷所 製本 光陽メディア

落丁・乱丁がありましたらおとりかえいたします。

ISBN978-4-406-05880-3 C0095 Printed in Japan